거울 보는 물고기

SAKANANIMO JIBUNGA WAKARU—
DOBUTSUNINCHIKENKYU NO SAISENTAN by Masanori Kohda

Original Japanese edition published by Chikumashobo Ltd.

This Korean edition published by arrangement with Chikumashobo Ltd.., Tokyo, through TOHAN CORPORATION and Duran Kim Agency.

거울 보는 물고기

세상이 몰랐던
지성의 발견

고다 마사노리 지음 정나래 옮김

글항아리사이언스

책머리 그림 1 a)시클리과 물고기 풀처의 전신사진. b)얼굴 무늬의 네 가지 변이. (Kohda et al. 2015)

책머리 그림 2 디스커스의 얼굴 인식 실험. a)디스커스의 전신사진. 온몸에 무늬가 있다. b)얼굴(흰색)과 몸(회색). c)얼굴의 무늬 변이.

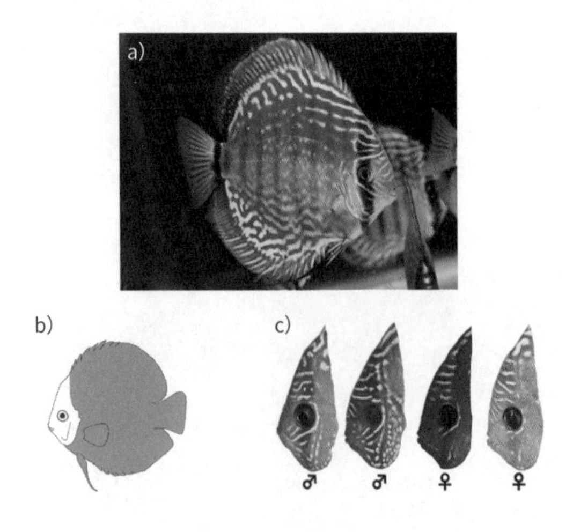

책머리 그림 3 a)번식 중인 쿠헤이의 얼굴에 선명한 무늬가 보인다(아와타 사토시 촬영). b)고대 물고기 피라루쿠의 전신사진과 얼굴 사진. 얼굴 표면에 개체 변이가 있는 무늬가 있다(PSawanpanyalert/Shutterstock.com).

책머리 그림 4 청줄청소놀래기의 턱 밑에 표시한 마크. a)갈색 마크. 모양, 크기, 색깔을 기생충(큰턱벌레과의 한 종류)과 비슷하게 연출했다. b)마크의 의미를 알아보는 실험을 할 때 표시한 초록색 마크와 파란색 마크. 인간의 눈에는 기생충처럼 보이지 않는다.

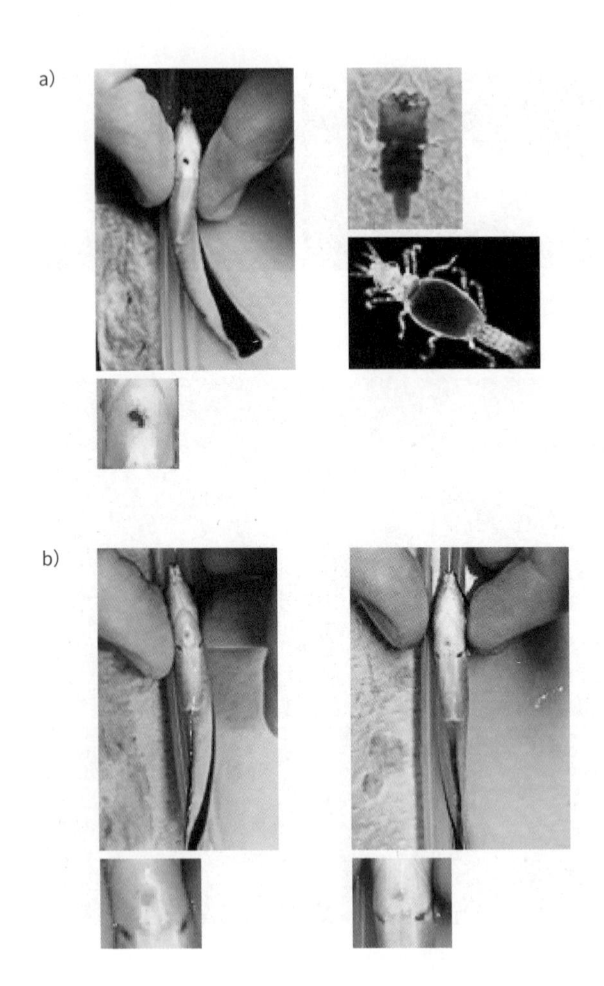

책머리 그림 5 쏨뱅이의 몸을 청소하는 청줄청소놀래기(야마다 다이치 촬영).

책머리 그림 6 청줄청소놀래기의 얼굴에 나타난 색 변이와 전신사진. 볼 언저리를 중심으로 주근깨 같은 무늬가 흩어져 있고 개체 변이가 나타난다.

일러두기

· 각주는 옮긴이의 부연 설명이다.

머리말

최근 청줄청소놀래기라는 작은 열대어가 거울에 비친 자신의 모습을 알아본다는 주제로 연구를 진행했다. 이 책은 실험을 시작한 계기, 실험 도중 겪었던 좌절, 결과 발표까지의 우여곡절을 비롯해 연구 결과에서 알 수 있는 사실들을 정리한 기록이다. 물고기가 자기 인식을 한다는, 혹은 물고기에게 자아의식이나 자의식이 있다는 주장이 지금껏 알고 있던 상식과 너무 동떨어진 나머지 '정말일까?' 하고 미심쩍게 느껴질지도 모른다. 하지만 그럴수록 꼭 이 책을 읽어주시기를 바란다.

지금껏 우리가 고수해온 자연관 혹은 동물관은 인간이 지성과 사회성 측면에서 가장 우수한 존재이고 그 외에는 영장류, 영장류 외 포유류, 조류, 파충류·양서류, 어류순으로 열등하다고, 혹은 더 원시적이라고 간주했다. 따라서 가장 낮은 순위에 놓인 어류를 감정 없이 본능에만 의존해 살아가는 존재로 봤다.

게다가 10년 전까지만 해도 물고기는 고통마저 느끼지 못한다고 여겨졌다. 이런 상황에서 겨우 10센티미터도 안 되는 물고기가 거울 속 자기 모습을 인식할 수 있다는 주장이 순순히 받아들여지지 않은 것도 무리는 아니다.

하지만 이 책을 읽으면 알게 될 것이다. 인간을 정점에 둔 지금의 가치 체계는 완전히 틀렸다는 것을. 척추동물은 형태나 지각 능력뿐만 아니라 지성의 측면에서도 연속성을 지니며 결코 인간이나 유인원만이 특별한 존재는 아니라는 것을. 요컨대 나는 인간과 동물 사이에 루비콘강은 없다고 생각한다.

이 책은 동물을 향한 감정 이입이나 동물 의인화에 따른 고정관념과는 물론 거리가 멀다. '귀에 걸면 귀걸이 코에 걸면 코걸이'식의 자료나 해석으로는 제대로 된 연구를 수행하기가 어렵다. 이 연구는 확실한 가설 검증 결과에 기반했으며 그 외의 것은 단호히 잘라냈다.

물고기가 거울 속 자신을 알아본다는 사실을 시사하는 최초의 데이터가 도출된 시점은 지금으로부터 약 10년 전이었다. 나는 스웨덴에서 열리는 국제 학회에서 이 연구 결과를 발표하기로 했다. 그러나 스웨덴으로 떠나기 직전 몸에 이상이 생겨 비행기를 타지 못했고 어쩔 수 없이 공동 연구자였던 다케야마 도모히로(현 오카야마대 이과대학 준교수)와 알렉스 조던(현 독일 막스플랑크 연구소 연구원)이 대신 발표해주었다. 당시에는 연구 방법의 문제점이나 결과의 해석 방식을 비판하는 데 관심이 집중됐을 뿐 연구 내용 자체는 진지하게 받아들여지지 않았다고 했다. 발표를 마친 알렉스는 몹시 의기소침해져 "나도 물고기가 거울 자기 인식을 할 수 있다고 생각하지 않는다"라고 말한 뒤 학회장을 빠져나왔다고 이후 내게 털어놓았다.

그러나 실험 결과는 분명 자그마한 물고기에게도 거울 자기 인식 능력이 있다는 사실을 가리키고 있었다. 물고기에게 자기 인식이고 자아의식이라니, 말도 안 되는 소리라고 손가락질을 당해도 물고기가 자기를 인식한다는 사실에는 변함이 없었다. 어쩌면 이것은 상식을 지나치게 벗어난 연구가 응당 겪는 시련인지도 몰랐다. 마치 갈릴레오 갈릴레이가 된 듯했다. "그대의 발언은 신을 모독했으며 결코 용서받지 못하리라." 재판관의 판결에 용서를 구하며 뉘우치는 뜻을 내비친 갈릴레이는 재판정을 나오며 "그래도 지구는 돈다"라고 중얼거렸다. 주제넘은 비교지만 그때 우리 심정은 그랬다.

이후 우리 연구는 논문으로 발표되었고 비판 의견은 물론 지지를 보내는 의견도 다수 있었다. 연구를 진행할수록 '물고기는 열등하다'라는 지금까지의 생각이 틀렸다는 사실은 분명해졌다. 연구는 현재 더 진척되었으며 그 내용도 책 끝부분에서 소개하고자 한다.

제1장에서는 인간을 비롯한 척추동물의 뇌 이해의 역사를 되돌아본다. 뇌를 이해하지 않고서는 지성을 이해할 수 없기 때문이다. 사실 20세기까지는 포유류의 뇌는 우수하고 어류의 뇌는 가장 원시적이라고 믿었다. 척추동물의 뇌를 이해하는 현재의 방식과 완전히 달랐던 셈이다. 이 장에서는 현재를 기준으로

물고기의 뇌를 이해하는 가장 타당한 방법을 설명한다.

제2장에서는 물고기가 다른 개체를 어떻게 인식하는지 연구한 결과를 정리했다. 인간은 타인을 구별할 때 얼굴에서 얻은 시각 정보를 이용한다. 놀랍게도 다수의 물고기 종 역시 얼굴을 통해 다른 개체를 인식하고 있었다.

제3장에서는 동물을 대상으로 한 거울 자기 인식 연구의 역사를 톺아본다.

제4장 이후의 주요 주제는 물고기의 거울 자기 인식 능력이다. 먼저 제4장에서는 물고기 거울 자기 인식 연구의 발단, 실패, 성공 과정과 연구 중 에피소드 등을 소개한다.

제5장은 이후 제기된 수많은 비판에 맞서기 위해 추가로 수행한 연구를 살펴보는 장이다. 비판 의견은 대부분 실험을 통해 반론할 수 있었고 도리어 지금까지 수행되어왔던 연구 방법들을 비판적으로 바라보는 계기가 돼줬다.

제6장에서는 물고기가 어떤 방식으로 거울 자기 인식을 하는지를 밝힌다. 거울에 비친 자신을 알아보는 물고기만의 방식이 있을까, 아니면 인간과 마찬가지로 얼굴 정보를 통해 자기를 인식할까? 두 가능성을 모두 열어두고 검증했다. 이 장 마지막에서는 물고기의 자아의식과 '마음'도 다룬다.

제7장에서는 물고기와 동물의 자아의식을 더 깊이 있게 고찰한다. 끝으로 물고기가 거울 속 자기 모습을 언제 자각하는지도 알아본다. 그러면서 최근 진행하고 있는 심화 연구의 주제인 물고기의 '앎'과 '깨달음'도 논한다.

물고기의 자아의식이라는 주제와 씨름하는 연구실은 세계적으로도 우리 연구실, 즉 오사카시립대학 동물사회연구소가 유일하다. 지금까지의 상식과 달리 우리의 연구 성과는 자아의식과 지성은 물론 마음에 이르기까지 물고기가 인간과 상당 부분 유사하다는 사실을 알려준다. 이제 우리의 상식을 바로잡아야 할 때가 온 것인지도 모른다.

이 책을 통해 우리 연구의 현장감과 가설 검증형 연구 방식이 갖는 묘미를 만끽할 수 있기를 바란다. 동물의 지성에 관한 모두의 상식이 뒤바뀌기를 소망한다. 그렇다고 해서 결코 딱딱한 내용은 아니다. 재미는 보장한다.

차례

제1장

물고기의 뇌는 원시적이지 않았다

인간과 동물이 외계의 사물을 지각하고 인식하고 행동하는 과정은 뇌 내부 구조와 신경회로망에 크게 의존한다. 따라서 뇌가 어떤 구조로 이루어져 있는지를 파악하는 일은 동물의 행동과 인지 능력을 이해하는 데 매우 중요하다.

이 장에서는 먼저 동물행동학의 역사와 함께 우리가 척추동물의 뇌 진화를 어떻게 이해해왔는지 시간 순서대로 살펴보고자 한다. 21세기에 들어서면서 척추동물의 뇌를 이해하는 방식은 완전히 달라졌다. 따라서 뇌 연구의 역사를 언급하지 않고서는 동물의 행동 연구나 인식 연구의 흐름을 설명할 수가 없다. 하지만 척추동물 뇌 연구의 최전선에서 거둔 성과는 그다지 알려지지 않았다. 특히 나와 같은 세대의 독자 중에는 처음 듣는 내용에 깜짝 놀라는 사람이 있을지도 모른다.

20세기까지만 해도 물고기의 뇌와 인간의 뇌는 완전히 별개로 여겨졌다. 그러나 실은 정반대였다. 물고기의 뇌와 인간의 뇌가 유사하다는, 혹은 똑같다는 사실이 밝혀진 것이다.

1. 척추동물 뇌 이해의 역사

20세기의 뇌 이해

내가 대학생이었던 1970년대 후반의 척추동물 뇌 진화 이론은 현재의 이론과 완전히 달랐다. 1957년생인 내가 당시에 배운 내용은 이랬다.

- 척추동물 진화 초기 단계에 머물러 있는 물고기의 뇌 구조는 단순하다. 악어나 도마뱀 같은 파충류, 쥐나 개 같은 포유류로 진화하면서 새로운 뇌 구조가 더해졌다.
- 영장류 같은 포유류 단계에 이르러 한층 더 복잡한 기능을 지닌 대뇌 신피질이 생겨나면서 지금처럼 똑똑한 포유류의 뇌가 완성되었다.

미국의 신경과학자 폴 매클린이 제창한 이 이론은 '3부 뇌 가설(또는 삼위일체 뇌 가설)'이라고 불린다. 구체적으로 살펴보자. 이 가설에 따르면 가장 오래된 뇌 기관은 일명 '파충류의 뇌'로, 자율신경중추에 해당하는 뇌간과 대뇌 기저핵으로 구성되어 있다. 원시적인 포유류로 진화하는 단계에서 해마·대상회·편도체 등 대뇌변연계로 구성된 '초기 포유류의 뇌'가 더해진다. 마지막으로 대뇌 신피질이 생겨나면서 '신생 포유류의 뇌'로 진화한다. 이때 파충류의 뇌는 생명 유지와 본능을 담당하고 초기 포유류의 뇌는 감정을 관장한다. 끝으로 신생 포유류의 뇌와 함께 고차원적인 뇌 기능이 더해지면서 학습·판단·사고와 같은 지성이 발달한다. 즉 척추동물의 뇌는 조상으로 거슬러올라갈수록 원시적이며 단순해진다.

3부 뇌 가설에서는 물고기나 양서류는 언급되지 않았다. 물고기는 관심 밖의 대상이었던 셈이다. 당시에는 3부 뇌 가설이 타당하게 여겨져 교과서에 실렸고, 수업에서도 같은 내용을 배웠으므로 나 역시 그런 줄 알았다.

20세기의 동물 행동 이해

같은 시기, 동물 행동 연구는 동물의 행동이 본능에 따른 것인지 아니면 학습의 결과인지를 가리는 데 골몰했다. '마음'의 존재를 부정하고 행동만으로 행동의 원리를 이해하는 행동주의 심리학이 주류였고 물고기는 지극히 간단한 학습만 가능하며 주로 본능을 따른다고 여겨졌다. 반대로 포유류, 특히 영장류는 학습 능력이 뛰어나고 인지 능력도 발달했다고 봤다. 이러한 사고방식은 3부 뇌 가설과 잘 맞아떨어졌다(그림 1-1).

그리고 1970년대 후반 동물 행동의 원리를 설명하는 새로운 이론인 '(고전) 동물행동학'이 일본에 소개됐는데, 이는 본능 행동의 구체적인 메커니즘을 해석하는 하나의 가설이었다. 초대 일본동물행동학회장인 히다카 도시타카가 자신의 강의와 교재는 물론 직접 집필한 책이나 번역서를 통해 이 이론을 널리 전파했다. 각인, 신호 자극, 본능 유발 기구, 프로그래밍 된 행동 등 그때까지 일본 동물행동학계에 존재하지 않았던 용어가 새롭게 등장했다. 당시 우리에게는 무척 신선한 것이었다.

고전 동물행동학에서는 '자극에 대한 연쇄 반사 반응으로 일어나는 본능적 행동'을 중시한다. 척추동물 중에서도 어류와 조

그림 1-1 척추동물의 지성을 이해하는 기존 방식의 모식도

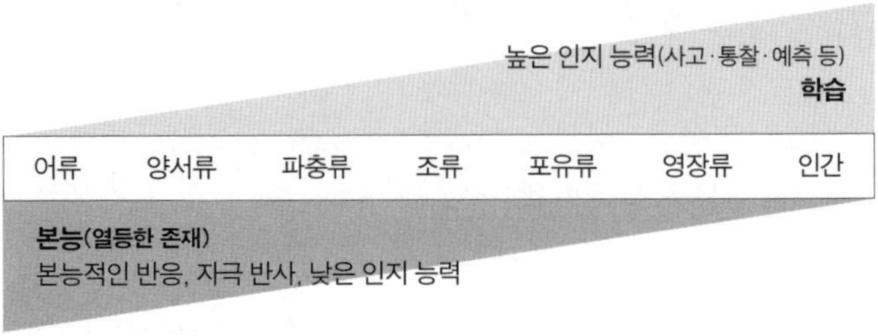

높은 인지 능력(사고·통찰·예측 등)
학습

어류	양서류	파충류	조류	포유류	영장류	인간

본능(열등한 존재)
본능적인 반응, 자극 반사, 낮은 인지 능력

류가 고전 동물행동학 이론과 잘 맞아떨어졌다. 물고기와 새는 뇌 구조가 단순해서 복잡한 인지나 행동을 할 수 없다고 여겨졌는데, 이 점이 3부 뇌 가설과 일치했다. 따라서 동물 행동을 자극으로 촉발되는 반사 반응의 연쇄 작용으로 간주하는 고전 동물행동학의 설명은 타당한 것으로 여겨졌다. 당시로서는 자연스러운 해석이었다.

신호 자극의 가장 유명한 사례는 큰가시고기의 공격 행동일 것이다. 번식기를 맞아 배가 혼인색으로 붉게 변한 수컷 큰가시고기는 산란처 주변을 자기 영역으로 삼고 그 영역에 들어오는 다른 수컷을 공격하는데, 이때 수컷이 무엇을 기준으로 침입자를 구분하고 공격하는지를 조사한 실험이 있다. 동물행동학을 구축한 니콜라스 틴베르헌 교수가 약 70년 전에 실시한 실험이다. 실험에서 수컷 큰가시고기는 자기와 꼭 닮은 석고 모형이 산란처 영역 안에 들어와 있어도 공격하지 않았다. 반면 그저 석고 덩어리일지라도 아랫부분이 붉게 칠해져 있다면 공격을

퍼부었다. 침입자 모두를 경쟁자로 보고 공격한 게 아닌 신호 자극인 붉은색에 반응해 반사적으로 공격한 것이다. 틴베르헌 교수는 동물행동학에서 거둔 일련의 성과를 인정받아 1973년 카를 폰 프리슈, 콘라트 로렌츠와 함께 노벨 생리·의학상을 받았다. 물론 수상 당시에도 3부 뇌 가설은 타당하다고 여겨졌다.

나의 첫 연구는 고전 동물행동학을 흠뻑 머금고 있었다. 산호초에 서식하는 물고기를 대상으로 공격 행동의 신호 자극을 연구했기 때문이다. 살자리돔이라는 작은 물고기는 산호초 지대나 얕은 암초 지대에서 조류를 먹으며 살고 자기만의 영역을 갖는다. 흥미롭게도 그들은 동종뿐 아니라 조류를 먹고 사는 다른 물고기도 공격한다. 충분히 납득이 간다. 경쟁자를 배제하지 않으면 눈 깜짝할 새 먹이를 빼앗기고 말기 때문이다. 한편 갑각류나 작은 물고기만 먹는 육식 물고기는 배제하지 않는다. 이것도 납득이 간다. 먹이를 두고 경합하지 않는 육식 물고기는 영역에 들어오더라도 먹이를 빼앗을 일이 없다. 그렇다면 살자리돔은 경쟁자를 어떻게 구분할까?

내 결론은 침입자의 체형을 통해 구분한다는 것이었다. 산호초에 서식하며 납작한 체형의 물고기 중에는 조류를 먹이로 삼는 물고기가 많고, 길고 가는 체형의 물고기 중에는 육식 물고기가 많다. 실제로 살자리돔은 납작한 형태의 모형 물고기는 공격했지만 길고 가는 형태를 띤 모형 물고기는 공격하지 않았다. 이러한 결과를 바탕으로 나는 살자리돔의 공격을 촉발하는 신호 자극은 납작한 체형이라는 결론을 내렸다.

실험과 관찰로부터 도출된 내 결론은 당시로서는 문제 될 게 없었다. 원고를 독일의 한 동물행동학 잡지에 투고하자 단 3주 만에 승인이 났다. 1981년의 일이었다. 물론 이때 내 해석은 '물고기의 뇌는 단순하다'라는 당시의 사고방식과 일치했다.

덕분에 이 연구는 국내외에서 높은 평가를 받았다. 하지만 고백하건대, 연구가 논문으로 세상에 나온 뒤에도 나는 '정말 이렇게 결론을 내버려도 괜찮은 걸까?' 하는 의구심을 떨쳐버릴 수 없었다. 물속에 들어가 물고기의 행동을 관찰하면 할수록 물고기는 우리가 알고 있는 것보다 훨씬 더 똑똑하다는 생각이 들었기 때문이다. 그러나 당시의 중론은 물고기의 뇌는 단순하기에 본능 행동을 하며, 물고기에게 주변 사물을 판단하고 해석하는 인지 능력은 없다는 것이었다.

21세기의 뇌 이해

다시 뇌 이야기로 돌아오자. 21세기에 접어든 무렵, 동물 뇌 연구는 커다란 전환점을 맞이한다. 3부 뇌 가설이 잘못된 이론임을 알게 된 것이다. 그림 1-2는 뇌 진화와 관련한 20세기의 이해 방식과 21세기의 이해 방식을 모식도로 나타내고 있다.

A는 20세기의 잘못된 이해 방식으로, 앞서 설명한 3부 뇌 가설을 따른다. 물고기의 단순한 뇌에 새로운 뇌가 조금씩 보태지면서 가장 복잡한 포유류의 뇌가 완성되었다는 주장이다.

그림 1-2 척추동물의 뇌 진화를 이해하는 20세기의 방식(A)과 21세기의 방식(B). 20세기에는 물고기의 단순한 뇌에 새로운 뇌가 보태지며 진화가 이루어졌다고 보았다. 21세기에는 물고기 단계에서 이미 대뇌·간뇌·중뇌·소뇌·교뇌·연수에 이르는 뇌의 구조가 완성되었다고 본다(단, 각 뇌의 크기와 형태는 다르며 물고기의 대뇌에도 대뇌 신피질에 해당하는 영역이 있다). (Emery and Clayton 2005를 일부 수정함.)

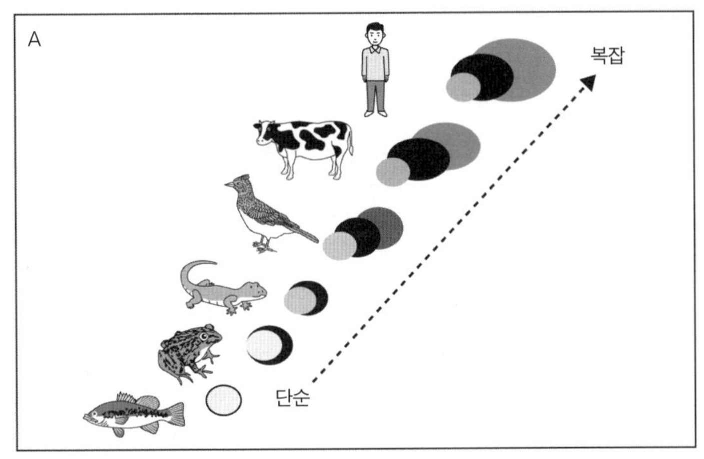

20세기의 뇌 이해(오류)

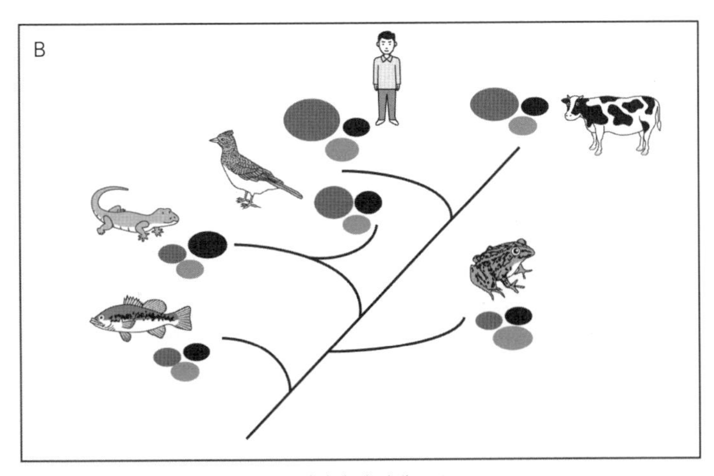

21세기의 뇌 이해(사실)

옳은 것은 B다. 물고기 단계에서 이미 대뇌·간뇌·중뇌·소뇌·교뇌·연수와 같은 뇌의 구조가 완성됐다. 그리고 이 6개의 뇌 구조는 물고기부터 인간에 이르는 모든 척추동물이 공통적으로 갖는다. 즉, 인간의 뇌 구조와 물고기의 뇌 구조는 똑같다. 새로운 뇌가 더해지는 일은 일어나지 않았다. 다만 그림 1-2의 모식도가 보여주듯 뇌의 크기, 형태, 그리고 추측하건대 내부 구조는 동물군 간 조금씩은 차이가 있다.

"포유류 뇌에 있는 대뇌 신피질은 어류와 조류의 뇌에는 없는 기관이니 포유류로 진화하면서 더해진 것이 아닌가?" 하고 의문을 가질 독자가 있을지 모르겠다. 포유류의 대뇌 신피질은 6겹의 층으로 대뇌 표면을 덮고 있는데, 이게 조류의 뇌에서는 층 구조가 아닌 대뇌 중간에 덩어리 형태로 존재한다는 사실이 밝혀졌다. 이 부분과 대뇌 신피질은 기원이 같은 상동相同기관* 이다. 기능도 같아서 입력된 신호를 종합적으로 처리하여 출력한다. 최근에는 물고기의 대뇌에도 덩어리 형태를 한 대뇌 신피질의 상동기관이 존재한다는 사실이 밝혀지기도 했다.

---

* 서로 다른 생물종 사이에서 형태나 기능이 달라졌지만 기원은 같은 기관을 의미한다. 가령 인간의 팔과 고래의 앞지느러미는 상동기관이다.

2. 물고기의 뇌와 뇌신경

인간과 고대 물고기의 뇌신경

현생 물고기와 인간의 뇌 구조가 같다는 사실을 알았다. 그렇다면 이 구조는 언제쯤 완성되었을까. 척추동물의 조상이 남긴 뇌 화석을 통해 살펴보자.

뇌에서 직접 나오는 신경을 뇌신경이라고 부른다. 이 뇌신경을 통해 감각 정보가 직접 뇌에 전달되기도 하고, 뇌가 직접 일부 감각기관으로 신호를 보내기도 한다. 인간에게는 총 12쌍의 뇌신경이 존재한다고 알려져 있다.

데본기**에 광활한 담수 지역이 형성됐고, 당시 그곳을 파고든 경골어류***가 크게 번성했다. 그중 에우스테놉테론이라는 육기어류가 있었다(그림 1-3a). 에우스테놉테론의 친척은 육지로 올라와 이크티오스테가라는 원시적인 네발 동물로 진화한 뒤 양서류로 번성했다. 요컨대 에우스테놉테론의 친척은 육상 척추동물의 물고기 단계 조상이다.

에우스테놉테론의 뇌 화석이 발견된 적이 있다. 무척 드문 일로, 아마 죽은 뒤 점토보다도 더 고운 숫돌 가루 같은 물질이

** 지금으로부터 약 4억 년 전. 고생대 중 네 번째로 오래된 지질시대다.
*** 골격의 일부 혹은 전체가 단단한 물고기로, 현생 어류 대부분이 여기에 속한다.

그림 1-3 a) 에우스테놉테론 전신도(후지타 1997, 그림 9A).
b) 에우스테놉테론의 뇌와 뇌신경(후지타 1997, 그림 9B를 일부 수정함). 각 번호는 c)에 표시한 인간의 뇌신경 번호와 대응한다. 왼쪽이 몸의 앞쪽이다.
c) 아래에서 본 인간의 뇌와 뇌신경. 번호 옆에 명칭을 썼다. 에우스테놉테론과 인간 모두 12쌍의 뇌신경이 있고 앞쪽에서부터 낮은 번호의 뇌신경이 배치되어 있다. 위쪽이 몸의 앞쪽이다.

a)

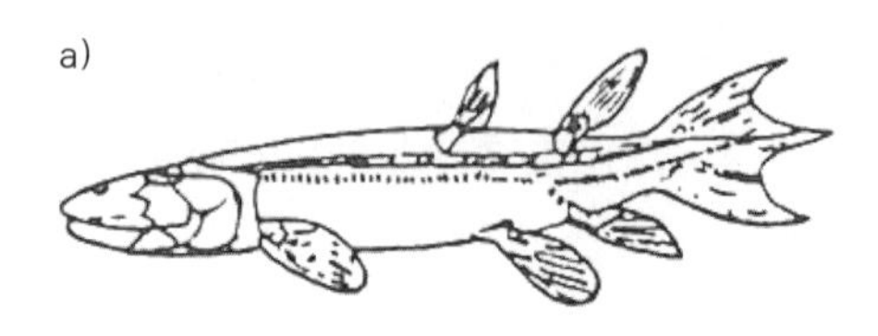

b)

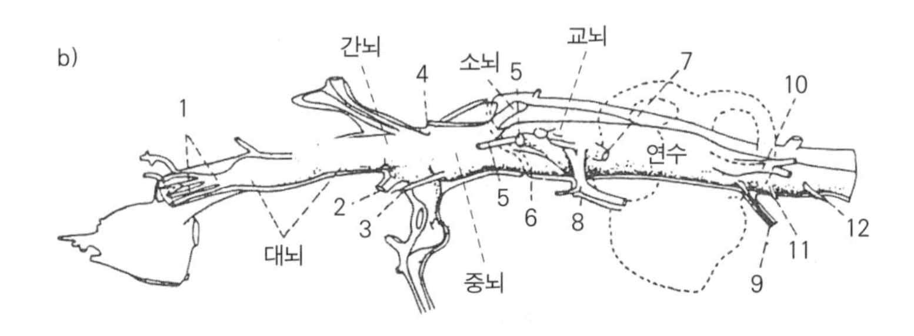

c)

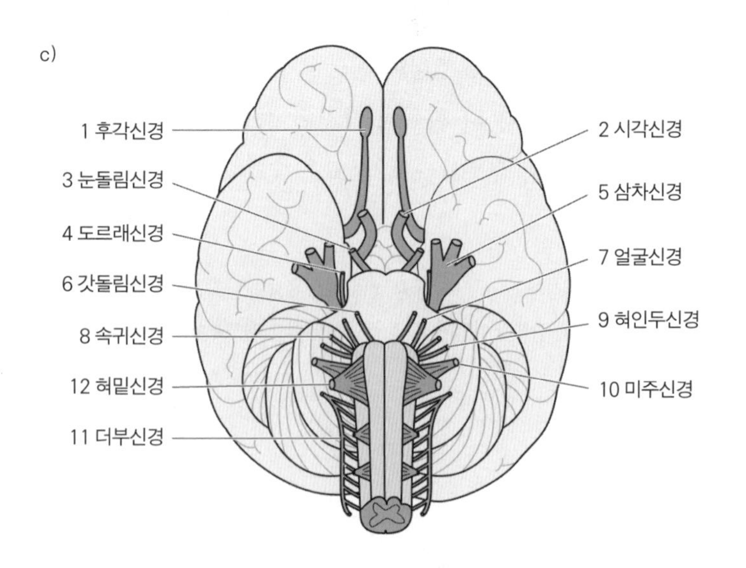

머릿속으로 침투하면서 뇌를 화석화한 모양이다. 화석을 살펴보면 에우스테놉테론의 뇌와 뇌신경 구조를 알 수 있다. 놀랍게도 머나먼 물고기 단계 조상의 뇌신경 역시 인간과 같은 12쌍이다.

그림 1-3의 b)와 c)는 에우스테놉테론과 인간의 뇌 그리고 뇌신경을 나타낸다.

우선 뇌 구조를 보자. 에우스테놉테론은 앞쪽에서부터 대뇌(종뇌)·간뇌·중뇌·소뇌·교뇌·연수 등 6개의 뇌가 순서대로 늘어선 뒤 연수에서 척수로 이어진다. 인간은 이들의 구조가 상하로 배열되어 있을 뿐 그 순서는 같다. 앞서 물고기와 인간의 뇌 구조가 같다고 설명했는데 에우스테놉테론 때부터 이미 같은 구조였던 셈이다. 게다가 12쌍의 뇌신경은 에우스테놉테론이나 인간이나 같은 순서로 배열되어 있다.

12쌍 뇌신경의 연결 구조는 같다

자세히 들여다보자. 인간의 뇌 그림과 에우스테놉테론의 뇌 그림을 함께 보기를 바란다.

양쪽 모두 맨 앞에 있는 1번은 후각신경이다. 코에서 얻은 냄새 정보를 뇌에 전달한다(물고기에게도 인간의 코에 해당하는 상동기관이 존재하며 물속의 화학물질을 감지하는 역할을 한다). 2번은 시각신경이다. 에우스테놉테론과 인간 모두 양 눈으로 시각 정보를 수집한다. 3번은 눈돌림신경으로 에우스테놉테론에게서나 인간에게서나 눈을 움직이는 신경이다. 이들 세 신경은 에우스테놉테론에게서는 배 쪽, 인간에게서는 몸의 앞쪽에서 나온다.

4번은 도르래신경으로 역시나 눈의 움직임과 관련이 있다. 에우스테놉테론의 뇌에서 도르래신경만 등 쪽에서 나오는데, 인간의 뇌에서도 뒤쪽(등 쪽)에서 나오는 신경은 도르래신경밖에 없다. 오직 도르래신경만 다른 곳에서 나온다는 점도 일치하는 것이다. 1번부터 4번까지의 뇌신경은 에우스테놉테론이든 인간이든 모두 대뇌 혹은 간뇌에 연결되어 있다. 여기까지만 봐도 두 생물 간 뇌신경의 연결 구조와 그 기능의 유사성을 알 수 있다.

5번은 삼차신경이다. 에우스테놉테론에게도 인간에게도 뇌를 나오자마자 세 갈래로 나뉘는 신경은 삼차신경이 유일하다. 세 갈래는 각각 눈, 위턱, 아래턱 세 곳과 연결된다. 이런 특징까지 비슷하다. 아니, 같다. 6번은 갓돌림신경으로 눈돌림신경이나 도르래신경처럼 눈을 움직이는 데 관여한다. 7번은 얼굴신경, 8번은 속귀신경이다. 이쯤 되면 눈치챘을 것이다. 물고기와 인간의 뇌신경에는 차이가 없다. 아니, 똑같다고 하는 편이 더 낫겠다. 5번부터 8번까지의 뇌신경이 뇌간의 교뇌와 연결되어 있다는 사실도 같다.

9번은 혀인두신경, 10번은 미주신경, 11번은 더부신경, 12번은 혀밑신경이다. 인간도 에우스테놉테론도 모두 연수에서 나온다. 이처럼 에우스테놉테론과 인간의 뇌신경은 완전히 일치한다. 순서가 같을 뿐만 아니라 더도 덜도 없이 개수마저 같다.

심지어 뻗어 나오는 부위까지 같다.

나는 이 사실을 최근에야 알았고, 당시 받았던 충격과 감동은 이루 말할 수 없을 정도였다. 과거에 배운 내용과 아예 달랐다. 인간과 똑같지 않은가. 이 유사성을 어떻게 받아들여야 할까?

에우스테놉테론은 3.8억 년 전에 살았던 조상이다. 인간과 에우스테놉테론의 '일치'는 척추동물의 뇌와 뇌신경이 에우스테놉테론이라는 물고기 대代에서 이미 확립됐음을 말해준다. 단 하나의 뇌신경도 늘리거나 줄이지 않고 꾸준히 이어받아온 결과물이 바로 우리의 뇌다. 이게 아니고서는 달리 설명되지 않는다. 어쩌다 우연히 똑같은 배열, 똑같은 배치로 구성됐다거나 똑같이 새로 만들어졌을 가능성은 제로에 가깝다. 진실은 지금까지 알던 내용과 정반대로, 인간의 뇌와 뇌신경의 기원은 고생대까지 거슬러 올라간다는 것이다. 원형은 고생대에 이미 완성돼 있었는지도 모른다. 결코 나중에 더해져서 완성된 것이 아니다.

처음 이 사실을 알았을 당시 나는 에우스테놉테론과 인간의 뇌 그림을 볼 때마다 기쁨을 주체하지 못해 매일 밤 그 그림을 안주 삼아 홀로 축배를 들었다. 달력의 날짜는 2010년을 앞두고 있었다.

물고기의 뇌신경과 뇌신경회로

여기까지의 설명을 바탕으로 짐작할 수 있듯 12쌍의 뇌신경은 현생 물고기에게서도 동일하게 나타난다. 물고기와 인간의 뇌신경을 비교하며 알게 된 특징을 정리해보자.

첫 번째 특징은 뇌신경의 순서가 지극히 보수적이라는 점이다. 인간과 물고기의 뇌신경 12쌍이 연결된 감각기관이나 운동기관은 서로 동일한데, 이 사실은 이들 기관 역시 고생대에 인간의 것과 동일한 형태로 완성돼 있었음을 시사한다. 가령 지각 기능을 담당하는 뇌신경 중 후각신경은 코, 시각신경은 눈, 속귀신경은 내이 및 반고리관과 연결되어 있다. 반고리관(그림 1-3 b)의 에우스테놉테론의 뇌 그림에서 점선으로 표시된 부분)은 신체의 방향이나 운동의 가속·감속을 감지하는 기관으로, 물고기의 물속 움직임을 위해 발달된 것이 육지에서도 계속 사용되고 있다. 인간이 사용하는 감각기관의 기본 틀도 물고기 대에서 완성된 셈이다.

두 번째 특징은 눈의 움직임과 관련된 뇌신경이 상당히 많다는 사실이다. 눈돌림신경, 도르래신경, 삼차신경 중 한 갈래, 갓돌림신경 등 총 4개의 뇌신경이 눈의 움직임에 관여한다. 그리고 이들 4개의 뇌신경 역시 어느 것 하나 빠지거나 더해지는 일 없이 인간과 물고기 모두에게서 사용되고 있다.

눈의 움직임에 많은 뇌신경이 관여하는 이유는 명백하다. 안구의 상하좌우 운동과 순간적이고 기민한 초점 조정이 중요하기 때문이다. 빠르게 움직이는 존재를 한 치의 오차도 없이 좇고, 갑자기 등장한 사물에 재빠르게 초점을 맞추며, 주변 조도에 따라 명암을 조절하는 것. 하나하나 생각하고 조절해서는 주어진 시간 안에 이러한 기능을 수행해낼 수가 없다. 눈의 작동은 자동화되어 있으므로 사물을 보는 당사자는 움직임을 자각하지 못한다(아마 물고기도 마찬가지일 것이다). 포식자를 바로바로 찾아내고 포식자가 움직이면 즉시 도망친다. 이 반응이 늦으면 잡아 먹히거나 사냥을 하지 못해 거친 자연의 섭리와 마주하게 된다. 고로 뇌신경이 4개나 관여하는 고성능 자동카메라는 인간의 조상 단계에서부터 진화할 수밖에 없었다.

세 번째 특징은 각 뇌신경이 연결된 뇌가 서로 같다는 점이다. 앞서 설명했듯이 에우스테놉테론이든 인간이든 1~4번 뇌신경은 대뇌·간뇌와, 5~8번 뇌신경은 뇌간, 특히 교뇌와, 9~12번 뇌신경은 연수와 이어져 있다.

그렇다면 뇌신경을 통해 입수한 정보는 어떻게 처리되고 또 어떻게 출력될까. 뇌 내부 신경의 메커니즘이나 배치를 규명하는 일은 뇌신경보다 훨씬 더 복잡하다. 서로 뒤엉켜 있어 구별이 쉽지 않기 때문이다. 하지만 뇌와 뇌신경이 지닌 높은 상동성을 고려하면, 뇌 속으로 들어간다고 해서 완전히 다른 세상이 펼쳐지진 않으리란 것을 알 수 있다. 물고기 대에서 획득한 뇌 내부 구조와 뇌 내부 신경회로도 높은 상동성이 있을 것이라 예상된다. 과연 실제로는 어떨까?

인간과 물고기의 뇌 내부 구조

물고기, 인간 할 것 없이 척추동물의 뇌는 대뇌·간뇌·중뇌·소뇌·연수·교뇌의 순으로 늘어서 있는데 각 뇌의 내부는 균질하지 않다. 신경 세포가 한데 모여 기능하는 신경핵과 신경 영역이 있고 신경은 이들 사이를 연결하며 전체 신경회로망을 형성한다.

그림 1-4는 물고기의 뇌 중에서도 사회적 행동의 의사 결정에 관여하는 신경핵과 신경 영역을 보여준다. 이들은 대뇌·간뇌·중뇌에 분포해 있다. 그림의 뇌, 신경핵, 신경 영역을 보다 보면 인간이나 물고기나 거의 똑같다는 사실을 알 수 있다. 예상대로 뇌 내부 구조 역시 유사한 것이다.

그림 1-5는 척추동물의 신경핵과 신경 영역을 둘러싼 신경회로망을 표현한 그림이다. 척추동물 다섯 강綱*의 뇌를 나열하고 각 뇌의 신경핵과 신경 영역을 배치한 다음 이들 사이의 신경회로망을 그렸다. 그려진 신경핵과 신경 영역은 그림 1-4와 동일하다. 물고기부터 포유류까지 큰 차이가 없을 뿐만 아니라 무척 닮기까지 했다. 이 회로는 동물이 싸움을 벌일 때 공격을 이어갈지, 후퇴할지를 정하는 의사 결정 기능에 관여하는 신경 흐름이다. 물고기에서 포유류에 이르기까지 의사 결정의 신경

* 생물 분류의 한 단계로 문門보다 좁고 목目보다 넓은 범위의 생물군을 정의한다.

그림 1-4 물고기의 뇌 구조와 신경핵·신경 영역. 각 부분 명칭은 인간의 뇌에서 부르는 명칭과 같다. 인간과 물고기의 신경핵·신경 영역이 유사하다는 사실을 알 수 있다(Bshary&Brown 2014를 일부 수정함).

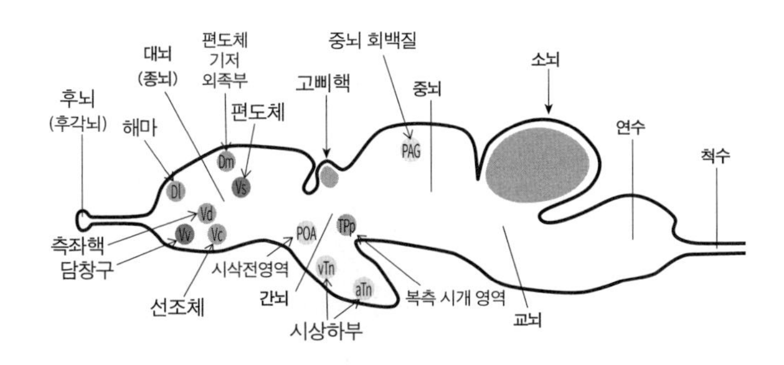

회로가 거의 같다.

이 논문(2012년)을 처음 읽었을 때 나는 흥분을 넘어 놀라움을 금치 못했다. 젊었을 때 배운 내용, "물고기의 뇌는 단순하고 포유류의 뇌는 복잡하면서도 고차원이다"는 도대체 무엇이었단 말인가!

당시 이 논문은 가설 단계이긴 했다. 그러나 가설을 뒷받침하는 논문이 이후 연이어 발표됐다.

내가 책의 서두에서 신경과학 분야 이야기를 꺼낸 이유를 알아챘는지 모르겠다. 모든 척추동물의 뇌 내부 구조는 거의 같다. 물고기에서 인간에 이르기까지 공통된 뇌 구조가 가리키는 바는 물고기의 지성이 높다고 하더라도, 그것이 조금도 이상한 일이 아니라는 사실이다.

그림 1-5 척추동물 뇌 내부의 신경핵·신경 영역과 이들을 연결하는 신경회로망. 사회적 의사 결정 시 사용하는 회로를 나타낸다. 그림의 신경핵·신경 영역과 신경회로망은 다섯 강 모두 무척 유사하다(O'Connell&Hofmann 2012를 일부 수정함).

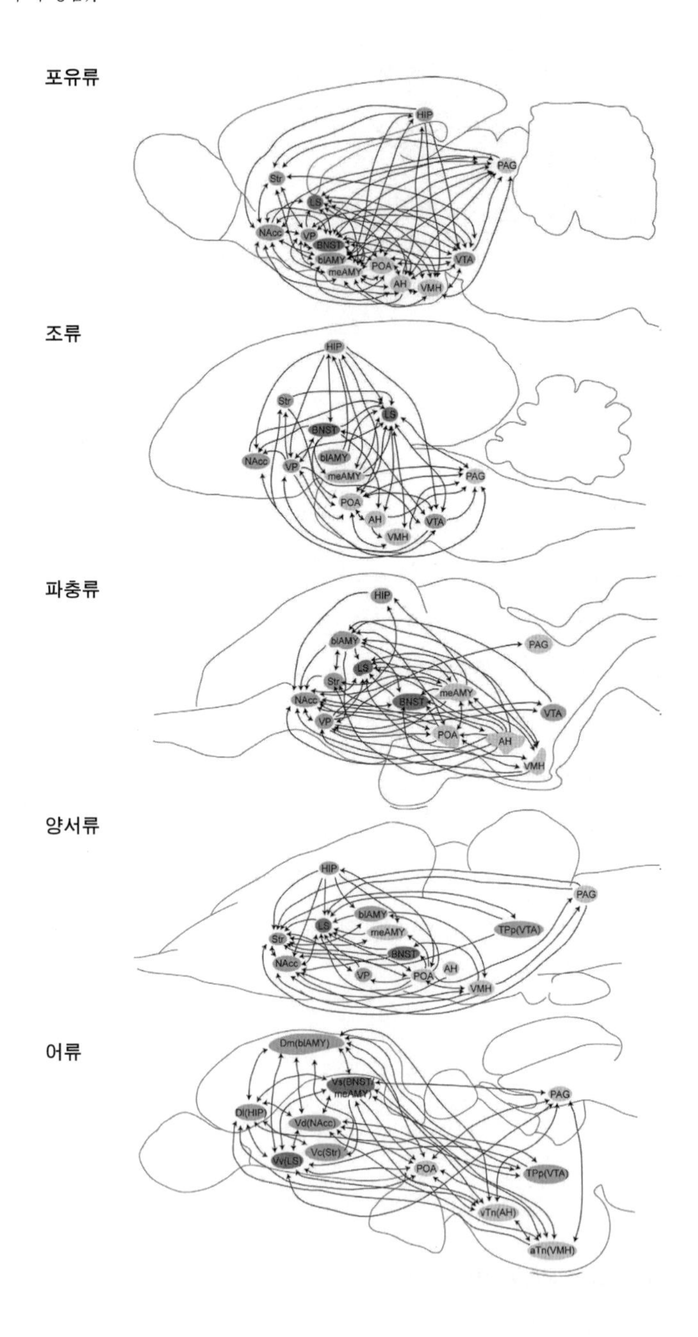

물고기 뇌에서도 착시가 일어난다

인간과 물고기의 뇌가 유사하다는 사실을 알 수 있는 흥미로운 사례가 한 가지 더 있다. 같은 크기의 물체임에도 배경에 따라 그 크기가 달리 보이는 '착시 현상'을 들어본 적이 있을 것이다. 물고기 뇌에서도 이러한 착시가 일어난다.

앞에서 인간과 물고기의 뇌에는 눈의 움직임과 관련된 뇌신경이 여럿 있다고 언급한 바 있다. 뇌신경 중 4개가 안구 운동이나 홍채의 신축과 같은 눈의 미세 조정에 관여하며(시각 정보 전달은 시신경이 담당한다), 그 4개의 존재는 시각 정보의 중요성을 대변한다.

시각 정보는 정보의 정밀도, 전달 속도, 범위의 측면에서 다른 감각 정보와는 비교도 되지 않을 만큼 풍부하며, 양질의 것이다. 고생대의 초기 척추동물들은 물속에 살았다. 육지에서처럼 물속에서도 포식과 피식의 관계는 생존에 중대한 문제였다. 피식자가 포식자의 존재와 움직임을 신속하게 인식하는 능력은 자연선택과 뚜렷한 연관성을 지닌다. 이 능력이 조금이라도 떨어지는 개체는 도태됐을 것이다.

다른 이야기지만 자연선택이 우수한 개체나 힘이 센 개체를 남기는 것이라고 잘못 이해하는 일이 종종 있어 짚고 넘어가고자 한다. 특정 유전자형을 지닌 어린 개체가 특별한 변고 없이 성체가 되어 자손을 많이 남기면 그 유전자가 다음 세대로 많이 전해진다. 후대로 내려갈수록 같은 유전자가 점점 더 늘어나면서 이전의 집단과는 다른 유전자 구성이 나타난다. 이것이 자연선택에 따른 진화의 간략한 설명이다. 중요한 포인트는 "자손을 많이 남긴다"라는 부분이다. 어떤 유전적 성질이든 자손을 많이 남기는 데 유리하다면 진화한다. 힘이 세서 자손을 많이 남길 수 있다면 힘이 세다는 특성은 진화한다. 특정 기관이 없는 편이 자손을 더 많이 남기는 데 유리하다면 그 기관은 자연선택에 따라 퇴화한다.

눈의 기능도 자연선택으로 진화했다. 가령 수릿과 동물은 시력이 매우 좋다. 인간의 눈으로는 도저히 볼 수 없는 수 킬로미터 너머의 작은 산토끼도 찾아낸다. 좋은 시력은 그들의 생존과 번식에 큰 영향을 미친다. 그렇다면 시력이 좋아서 하늘에서 먹이를 찾고 사냥하는 방식을 택한 걸까, 아니면 이런 포식 행동을 채택한 후에 그에 맞춰 시력이 진화한 걸까. 답은 물론 후자다. 자연선택은 효율화를 꾀한다. 왜 우리의 시력은 그다지 좋지 않을까. 수 킬로미터 떨어져 있는 작은 동물을 인식할 필요가 없기 때문이다.

동굴에서 서식하는 동물 중에는 눈이 퇴화한 동물이 많다. 눈이 있어 봤자 아무것도 보이지 않는 환경에서 그 능력은 낭비일 뿐 아니라 거추장스럽다. 만약 눈을 다치기라도 하면 목숨을 잃을지도 모른다. 차라리 없는 편이 나은 것이다. 이때에도 눈이 보이지 않는 동물이 동굴에 살게 된 것이 아니라 무용지물로 전락한 눈이 퇴화한 것이다.

직관에 어긋날지도 모르겠지만 좋은 눈이란 보이는 그대로를 인식하는 눈이 아니다. 사물을 있는 그대로 인식하는 것보다 사실과 다르게 인식하는 편이 생존율을 높이고 자손을 더 많이 남기는 데 유리하다면 그 방식이 자연선택에 따라 진화한다.

시각 인식을 효율적으로

사물이 실제와 달리 보이는 착시에는 여러 종류가 있다. 그림 1-6에 대표적인 예를 실었다. 동물 실험이란 생각만큼 쉽지 않아서 조류 대상 연구에서는 다른 결과가 보고되기도 하지만 최근 연구에 따르면 인간에게서 나타나는 착시 효과는 대체로 물고기에게서도 일어난다고 알려져 있다.

그림 1-6의 에빙하우스 착시도 마찬가지다. 검은색 점의 크기는 양쪽 다 동일하지만 사람 눈에도 물고기 눈에도 작은 흰색 점으로 둘러싸인 왼쪽 점이 더 크게 보인다.

아래에 있는 두 그림은 각각 아모달 보완과 모달 보완이다. 물고기도 아모달 보완에서는 사각형에 가려진 부분에 동그라미가 있다고 '무의식적으로' 해석한다. 모달 보완에서는 흰색 삼각형을 본다. 어떤 뇌 부위인지는 불분명하지만 사물을 보는 순간 이런 판독을 내리는 시각 신경 기반이 있다고 여겨진다. 판독은 의식의 관여 없이 순식간에 일어나기 때문에 시각 인식의 속도를 높이는 데 효과적일 것이다. 아모달 보완은 공간적으로 깊이가 있을 때 일어나는 현상이므로 육지뿐 아니라 물속에

그림 1-6 에빙하우스 착시. 아모달 보완과 모달 보완.

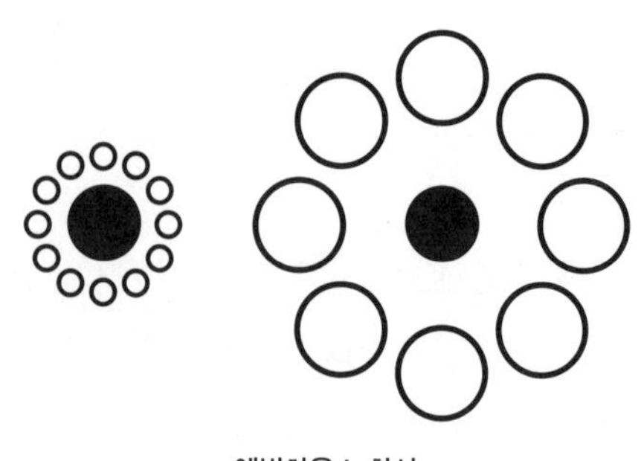

에빙하우스 착시

아모달 보완의 예

모달 보완의 예(카니자 착시)

서도 일어난다.

물고기에게서도 아모달 보완이 일어난다는 사실을 곱씹다 보면 착시와 같은 인간의 기본적인 시각 인식 방식 역시 먼 과거부터 있었던 게 아닌가 하는 생각이 든다. 우리 눈의 움직임을 조작하는 방식은 고생대에 완성되었다. 아마도 착시는 시각 인식을 보다 효과적이고, 생존에 더 적합한 방식으로 하기 위해 진화했을 것이다. 이런 능력이 인간이나 영장류로 나뉜 뒤에 독립적으로 진화했다고 하기에는 너무 늦을뿐더러 있을 수도 없는 일이다.

중요한 사실은 사물을 있는 그대로 보도록 진화한 게 아니라 자손을 더 많이 남기는 데 더 '유리한 인식 방식'이 생존에 적합했고 그래서 그렇게 진화했다는 것이다. 나는 자꾸만 착시라는 유전적 성질도 고생대부터 이어져 내려온 게 아닐까 하는 생각이 든다.

시력도, 사물을 보는 방식도 동물에게 꼭 맞게 발달한다. 다음 장에서는 '얼굴 인식'을 설명할 텐데, 인간에게도 다른 동물에게도 사회생활을 하는 데 얼굴 인식은 특히 중요하다. 아무래도 착시와 마찬가지로 인간도 물고기도 얼굴 인식 방법을 효율화하는 전담 신경 기반을 타고난 듯하다.

3. 이후의 동물 행동 연구

고전 동물행동학에서 행동생태학으로

1절에서 언급한 바와 같이 내가 제일 먼저 연구한 주제는 물고기의 공격 행동을 일으키는 신호 자극이었다. 사실 1980년을 지난 무렵부터 내 연구를 비롯한 동물 행동 연구는 일제히 '행동생태학'으로 옮아갔다.

행동생태학의 연구 대상은 행동이 발생하는 메커니즘이 아니다. 이 학문은 생물의 형질과 행동 특성이 진화한 이유와 자연선택에 따른 진화 과정을 연구 과제로 삼는다. 간단히 말해 행동과 형질이 진화한 궁극적 요인을 밝힌다. 행동생태학이 주류가 되면서 동물행동학과 동물 행동 메커니즘 연구는 급속히 줄었다. 그리고 이러한 경향은 지금까지도 이어지고 있다.

행동생태학은 주로 야외에서, 오랜 시간, 자세하게 동물의 행동과 생태를 관찰한다. 따라서 행동생태학을 공부하다 보면, 특히 물고기나 새 연구를 하다 보면 그들이 보이는 행동의 복잡성과 유연성을 좋든 싫든 목격하게 된다. 내가 그랬다. 고전 동물행동학은 그들의 복잡하면서도 유연한 행동 패턴을 설명하기에는 역부족이다.

일본 오키나와 산호초 지대나 아프리카 탕가니카 호수에서 조사한 경험에 따르면, 암컷 물고기가 짝을 선택하는 기준은 감탄이 나올 만큼 정교하다. 결코 자극에 반응하는 것이 아니다. 어떤 어종은 상대방을 의도적으로 유혹하는 행위를 하기도 한다. 물고기 중에서도 탕가니카 호수에 서식하는 시클리과 물고기의 사회는 상당히 다채로운데, 여러 암컷을 거느리는 수컷이나 여러 수컷을 거느리는 암컷이 배우자들의 싸움을 중재하는 일까지 있다. 유인원, 인간과 다를 바가 없다. 감히 말하자면 물고기도 자기가 무엇을 하고 있는지를 알고 있는 것은 아닐까 하는 생각마저 든다.

이처럼 고전 동물행동학으로는 설명하기 어려운 현상들이 하나둘 발견되기 시작했다. 1980년부터 2000년 사이의 이야기다.

새의 지성이 밝혀지다

한편 새 연구에서는 한발 앞서 고전 동물행동학과 결을 달리하는 인지 연구가 시작됐다.

에피소드 기억이란 언제, 어디에서, 무엇을 했는지를 기억하는 기억 형태다. 에피소드 기억을 하는 동물로는 인간, 그리고 인간을 제외하고는 영장류 정도가 꼽혔다. 그러나 2001년, 까마귓과에 속하는 어치가 에피소드 기억을 한다는 사실이 알려졌다. 어치는 먹이를 저장하는 습성이 있는데, 어디에 무엇을 저장해두었는지를 매우 잘 알고 있다. 먹이 저장 습성을 교묘하게 이용한 실험을 통해 어치가 언제, 어디에, 무엇을 저장했는지를 기억하고 있다는 사실이 증명됐다.

2008년에는 어치와 같은 까마귓과에 속하는 까치가 거울에 비친 자신의 모습을 인식한다는 연구 결과도 발표됐다. 어치 실험과 까치 실험 모두 해외에서 수행된 연구로, 이전에는 상상조차 하지 못했던 새의 지성과 지능을 밝혀내며 충격을 안겼다.

두 연구가 발표될 당시에는 이번 장에서 설명한 21세기의 척추동물 뇌 이해 방식이 이미 널리 퍼져 있었다. 이러한 배경이 새의 높은 지성을 밝혀내는 데 영향을 끼쳤는지도 모르겠다.

정리

이번 장에서 살펴봤듯 20세기까지는 포유류, 그중에서도 대뇌 신피질이 발달한 영장류의 뇌가 가장 진화한 뇌라고 보는 3부 뇌 가설이 주류를 점했다. 어류, 양서류, 파충류의 뇌가 단순하고 엉성하다고 여기는 이해 방식은 당시 동물 행동을 바라보던 시각과 사고방식에도 영향을 미쳤다. 이때 물고기는 척추동물 중에서 가장 단순하며 본능에만 의존해 살아가는 동물로 간주됐다.

그러나 21세기에 들어오면서 모든 척추동물의 뇌는 많은 부분에서 공통점을 지니며 고생대에 이미 그 기본 구조가 완성됐다는 사실이 드러났다. 아울러 3부 뇌 가설에서는 '파충류의 뇌'를 지닌 걸로 알려졌던 새가 에피소드 기억과 거울 자기 인식이라는 고차원적 인지 능력을 갖췄다는 사실이 확인되었다.

그렇다면 물고기는 어떨까. 뇌 크기가 작으니 새와 같은 능력은 갖추지 못했을지도 모른다. 그러나 뇌 구조, 신경회로망, 내가 직접 관찰한 행동 패턴의 복잡성을 고려했을 때 물고기 역시 높은 지성을 지니고 있을 가능성은 충분히 커 보인다. 20세기 동물행동학을 떨쳐버리고 새로운 시선으로 물고기의 행동과 인지 능력을 연구할 필요가 있는 것이다. 그러나 이러한 관점의 물고기 연구는 전 세계적으로 지지부진했다.

한편 우리 연구실은 2010년 무렵부터 물고기의 지성과 인지 능력을 연구해왔다. 다음 장부터는 우리가 지금까지 밝혀낸 물고기의 지성을 소개하고자 한다.

제2장

물고기도 얼굴로 상대방을 알아본다

인간은 자신이 속한 사회의 다른 구성원을 얼굴의 생김새로 식별한다. 침팬지와 같은 유인원과 원숭이류 역시 얼굴로 상대 개체를 구별한다. 무리 지어 생활하는 소나 양도 마찬가지로 상대방의 얼굴을 통해 개체를 판별한다.

이 동물들은 일정한 수의 동종 개체가 오랜 기간 반복적으로 만나는 사회에 살고 있다. 이 같은 사회에서 살아가기 위한 최우선 과제는 각각의 개체를 식별하는 것이다. 개체 식별 없이는 사회생활이 성립할 수 없다.

지난 30년 가까이 바다와 호수에서 진행된 조사를 통해 물고기도 육상의 척추동물 못지않게 복잡한 사회를 형성하고 있음이 밝혀졌다. 영역과 서열이 존재하는 사회에서 생활하는 사회성 높은 물고기는 인간이나 영장류처럼 주로 시각을 통해 개체를 식별한다. 그러나 물고기가 무엇을 보고 각 개체를 구별하는지는 알려진 바가 없었다. 물고기는 인간이나 포유류와 똑같은 방식으로 상대방을 알아볼까? 아니면 그들만의 방식이 있을까?

우리의 연구 결과, 물고기도 인간처럼 얼굴을 통해 각 개체를 구별한다. 심지어 얼굴 인식을 위해 발달한 신경 기반도 인간과 물고기 모두에게서 공통적으로 나타난다. 척추동물의 얼굴 인식 방식이 물고기 대에서 이미 생겨났던 것은 아닐까 싶은 정도다. 이번 장에서는 먼저 우리 연구실이 수행한 물고기 얼굴 인식 실험을 차례차례 살펴보고, 마지막으로 '얼굴 인식 상동 가설'이라는 새로운 개념을 제시한다. 그리고 이 얼굴 인식의 메커니즘은 책의 핵심 테마인 물고기 거울 인식과 이어진다.

1. 풀처를 통한 얼굴 인식 연구

얼굴 인식 능력은 타고나는 것일까?

물고기를 잡아먹는 물고기를 어식성 물고기라고 한다. 어식성 물고기의 얼굴을 정면에서 보면 동그란 형태를 띠고 눈과 입이 커다랗다는 특징이 있다. 반면 어식성 물고기가 아닌 물고기, 예컨대 조류藻類를 먹는 초식성 물고기의 얼굴을 정면에서 보면 세로로 좁고 길며 눈과 입이 작다(그림 2-1).

물고기의 얼굴을 주제로 한 재미난 실험이 있다. 어식성 물고기에게 쫓겨본 경험이 없는 어린 물고기에게 물고기 얼굴 모형을 보여주고 어떻게 반응하는지를 관찰한 실험이다. 실험 대상은 흔히 산호초 지대에서 발견되며 플랑크톤을 먹이로 하는 그린크로미스의 치어다. 물고기 얼굴 모형을 그린크로미스 치어에게 가까이 가져가면서 모형이 어디까지 다가갔을 때 달아나는지를 관찰했다. 포식자에게 공격당한 경험은 고사하고 포식자를 본 적조차 없는 어린 물고기였지만 어식성 물고기의 얼굴 모형이 다가가자 서둘러 도망쳤다. 잡아먹힐 위험이 없는 초식성 물고기의 얼굴 모형이 다가갈 때보다 더 빠른 속도였다. 얼굴 모형의 크기와 색깔을 달리해도 결과는 같았다.

뒤이어 모형 몇 개를 더 만들어 추가로 실험한 결과, 그린크로미스 치어는 어식성 물고기의 특징인 커다란 눈과 입을 가진

그림 2-1 a) 어식성 물고기의 얼굴과 b) 초식성 물고기의 얼굴. 어식성 물고기의 얼굴에는 커다란 눈과 입이 있고 초식성 물고기의 얼굴은 세로로 길고 입이 작으며 눈이 크지 않다. (Karplus et al. 1982)

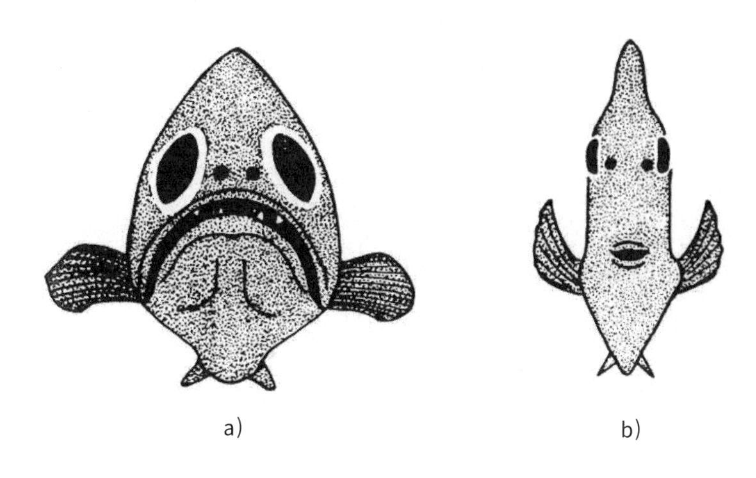

그림 2-2 신생아에게 보여준 얼굴 모형. 신생아는 얼굴 배치와 비슷한 모형에는 시선을 둔다. (Morton and Johnson 1991)

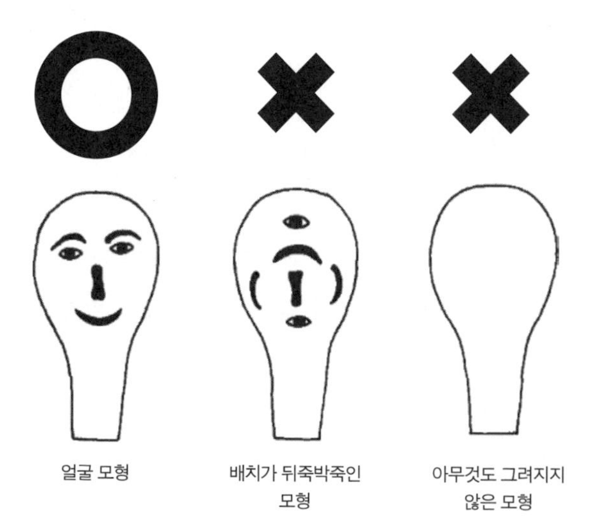

얼굴을 봤을 때 서둘러 도망친다는 사실을 알 수 있었다. 이는 그린크로미스가 태어날 때부터 위험한 동물의 얼굴을 알고 있음을 가리킨다. 위험한 천적, 어식성 물고기의 얼굴을 인식하는 체계를 타고나는 셈이다.

인간을 대상으로도 비슷한 얼굴 인식 실험을 한 적이 있다. ①인간의 얼굴 배치를 모방한 모형 ②눈·코·입 등의 배치가 뒤죽박죽인 모형 ③아무것도 그려지지 않은 모형 등 총 3개 모형을 준비한다(그림 2-2). 그리고 이제 막 볼 수 있게 된 신생아에게 모형들을 보여준다. 신생아는 '얼굴 모형'에는 시선을 두지만 배치가 뒤죽박죽인 모형이나 아무것도 그려지지 않은 모형에는 별 반응을 보이지 않았다. 이 결과는 인간 역시 얼굴 인식 체계를 타고남을, 바꿔 말해 태어날 때부터 얼굴 인식 신경기반을 갖고 있음을 알려준다.

이처럼 인간에게도 물고기에게도 '얼굴'의 인지 능력에 관여하는 신경계가 날 때부터 갖추어져 있다. 이 사실은 무엇을 의미할까?

가족 공동 육아를 하는 물고기 '풀처'

영장류, 사자, 미어캣, 양, 붉은사슴 등과 같이 사회성이 있는 포유류 대부분은 오랜 기간에 걸쳐 구성원 간의 안정된 관계를 바탕으로 복잡한 사회를 형성한다. 사회 구성원들이 서로를 구별하는 방법은 시각이다. 현재까지의 연구에 따르면 이 동물들은 모두 '얼굴'을 보고 동료를 식별한다. 물론 소리와 냄새 등 각 개체가 지닌 고유의 특성도 활용되지만 공통된 기본 신호는 얼굴이다.

물고기 중에서도 탕가니카 호수나 산호초 지대에 서식하며 자기 영역에서 정착 생활을 하는 종들은 오랜 시간 안정화 과정을 거친 사회에서 살아간다. 일본 조사단은 40년 전부터 지금까지 거의 매년 탕가니카 호수를 방문해 시클리과 물고기의 사회 구조를 연구했다.

탕가니카 호수 시클리과 물고기들의 사회는 일부일처 사회, 하렘*형 일부다처 사회, 하렘형 일처다부 사회, 공동형 일처다부 사회 등 무척 다양하다. 여기에서도 동종의 같은 개체를 반복적으로 마주치며 안정된 관계를 유지하고 시각을 통해 서로를 식별한다. 이 사실은 여러 연구자가 이전부터 경험적으로 알고 있었다. 그러나 물고기가 다른 개체를 식별하는 기준이 무엇인지, 가령 몸 전체를 보고 알아채는지 아니면 일부를 보고 알아채는지는 알지 못했다. 아울러 식별해내는 방식에 대해서도 알려진 바가 전무했다.

척추동물 사회에서 가장 복잡한 것 중 하나가 바로 협동 번식이라 불리는 번식 양식이다. 안식처 만들기, 먹이 주기, 보호하기와 같은 육아 활동에 부모 외에도 고모, 삼촌, 손위 형제 등 주로

---

* 동물의 번식 집단 형태 중 하나. 주로 1마리의 수컷과 여러 마리의 암컷으로 형성된 집단을 일컫지만 책에서는 그 반대도 하렘이라 표현한다.

그림 2-3 a) 시클리과 물고기 풀처의 전신사진. b) 얼굴 무늬의 네 가지 변이. (Kohda et al. 2015)

혈연관계에 있는 개체가 관여한다. 수렵과 채집의 시대에 진화한 인류가 채용했던 옛 육아 방식이 바로 협동 번식에 해당된다.

시클리과에 속하는 물고기 중에도 협동 번식을 하는 종이 발견된 바 있다. 이 과에는 안식처에 알을 낳은 뒤 부모가 함께 혹은 둘 중 한쪽이 단독으로 부화한 치어를 보살피는 종이 많다. 특히 성장한 치어가 자신이 태어난 안식처에 계속 머물며 동생들의 육아를 돕는 형태의 협동 번식이 진화했다. 조류나 포유류 중에는 제법 많은 종이 협동 번식을 한다고 알려져 있는데 어류 중에서는 풀처가 그 첫 예였다(그림 2-3, 책머리 그림 1a).

풀처 무리에는 부모 외에도 육아를 돕는 어린 물고기 '헬퍼'가 5마리에서 15마리 정도 있으며 시각을 통해 서로를 식별한다. 풀처의 전신사진(총 길이 약 8센티미터, 책머리 그림 1a)에서 알 수 있듯 얼굴 부분에는 갈색, 노란색, 파란색으로 자잘한 무늬가 있지만 몸 전체에는 이렇다 할 무늬가 없다. 또 자세히 들여다보면 개체마다 얼굴의 무늬가 다르다(그림 2-3, 책머리 그림 1b). 풀처가 눈으로 서로를 식별한다면 그 기준이 얼굴의 무늬일 것이라 짐작할 수 있는 대목이다. 따라서 나는 "풀처는 개체 변이*가 있는 얼굴 무늬로 다른 개체를 식별한다"라는 가설을 세웠다. 눈에 잘 보이지도 않을 만큼 자잘한 무늬로 서로를 구별한다는 게 물고기에게 무리일지도 모르지만 나는 가설에 자신이 있었다. 아니, 이 가설밖에 없다고 확신했다. 얼굴 무늬 외에는 별다른 식별 기준이 없기 때문이었다.

이웃은 공격하지 않는다

문제는 이제 가설을 어떻게 검증할 것인가였다. 어쨌든 대상은 물고기다. 좀처럼 좋은 방법이 떠오르지 않았다. 논문을 이것저것 뒤져봤지만 도움이 될 만한 연구는 없었다.

* 같은 종의 개체들 사이에서 나타나는 변이. 주로 환경의 차이로 나타나며 유전되지 않는다. 각기 다른 풀처의 얼굴 무늬 역시 개체 변이에 해당된다.

우선 풀처의 습성을 검토해봤다. 풀처 개체들도 각자의 영역을 지키며 살아간다. 이웃에 사는 물고기와 안면을 트면 서로의 영역을 침범하지 않으며, 덕분에 신뢰가 쌓이고 너그러워져 서로를 그다지 공격하지 않는다(때때로 공격하기도 한다). 이러한 너그러운 이웃 관계를 '친애하는 적대 관계dear enemy'라고 부른다. 반면 자기 영역에 접근하는 미지의 개체는 맹렬히 공격한다. 침입의 가능성이 커 위험하기 때문이다.

나는 이 특성을 이용해보기로 했다. 만일 풀처가 얼굴을 통해 상대방을 인식한다면 이웃의 얼굴을 보고는 그다지 공격하지 않겠지만 낯선 개체의 얼굴을 보고는 거센 공격을 퍼부을 것이었다. 그럼 가설 검증은 끝난다.

우선 이웃을 만들자. 작은 수조 2개를 나란히 놓고 사이에 가림판을 세운다. 각 수조에 풀처를 1마리씩 넣고 며칠간 먹이를 준다. 수조 바닥에는 풀처가 마음에 들어 할 만한 은신처를 조성해 그곳을 자기 영역이라 여기게끔 만든다. 이제 가림판을 치운 뒤 서로를 처음 보는 두 물고기의 행동을 영상으로 촬영한다. 이 실험은 당시 4학년이었던 고사카 나오야가 졸업 실험으로 진행했다.

가림막을 치운 첫날 아침, 두 물고기는 처음 보는 미지의 개체를 향해 공격을 마구 퍼부었다. 그러나 다음 날이 되자 공격 빈도는 큰 폭으로 줄었다. 4~5일이 지나면서는 거의 공격을 하지 않게 됐으며 서로에게 너그러운 모습을 보였다. 이웃 관계가 형성된 것이다. 물론 공격 행동이 완전히 사라지지는 않았다.

이 사실을 확인하기 위해 엿새째 되는 날, 이웃 수조를 제삼의 개체가 들어 있는 수조로 바꿔봤다. 그러자 그를 향해 맹렬한 공격이 쏟아졌다. 실험에서 우리는 풀처가 친애하는 이웃과 낯선 개체를 구별한다는 사실과 함께 상대방을 어떻게 인식하는지를 때로는 너그러운, 때로는 날 선 반응을 통해 확인할 수 있었다.

여기까지 실험을 마쳤을 때 계절은 마침 여름에 접어들고 있었다. 나는 그해 여름 예정돼 있던 물고기 연구를 위해 탕가니카 호수로 떠났다. 고사카에게는 이렇게 말해두었다. "뒤를 부탁한다!"

귀국 직후였던 12월 중순, 고사카의 중간발표를 듣는데 주제가 어려웠던 건지 물고기를 다루는 데 서툴렀던 건지 이렇다 할 성과가 보이지 않았다. 선배들과 함께 풀처의 얼굴에 색을 칠하거나 마스크를 씌우기도 했지만 모두 실패였다. 졸업 논문 발표회는 3월 초에 열린다. 남은 기간은 두 달 남짓이었다. 그때부터 고사카와의 이인삼각 연구가 시작되었다.

만약 풀처가 이웃과 낯선 개체를 얼굴로 식별하고 있다면 사진으로도 식별할 수 있을지 모른다. 고사카도 사진으로 실험을 시도해본 모양이었지만 들어보니 방법이 영 어설펐다. 사진을 보여주는 방식이 특히 부자연스러웠는데 파란 배경에 사진을 붙이고 수조 벽에 갖다 댔다고 했다. 그렇게 하면 물고기가 깜짝 놀라 공격은 꿈도 못 꾼다.

더 자연스러운 연출을 위해 수조 유리 벽 너머에 빈 수조의 모습만 나오는 모니터를 설치하고 그 안에 물고기의 사진 파일이 움직이도록 구현했다. 다시 말해 움직이는 사진이 수조 화면 안을 오가게 한 것이다. 그러자 이웃의 사진에는 딱히 공격 행동이나 경계심을 보이지 않던 풀처가 낯선 개체의 사진에는 상당한 공격 행동과 경계심을 드러냈다. 이로써 풀처는 이웃과 낯선 개체를 시각 정보만으로 구별해낸다는 사실을 알게 됐다. 모니터에 나타난 사진만으로도 충분히 식별할 수 있는 것이다. 이제 전부터 계획해왔던 실험으로 넘어갈 차례다.

얼굴을 바꿔치기했더니……

실험 목표는 풀처가 얼굴로 상대를 구별할 수 있는지를 밝히는 거였다. 나는 전부터 컴퓨터로 이웃과 낯선 개체의 사진을 합성해 물고기에게 보여주는 실험을 계획했는데, 나란히 영역을 마주하고 있는 이웃의 사진에는 낯선 개체의 얼굴 무늬를, 낯선 개체의 사진에는 이웃의 얼굴 무늬를 합성했다(그림 2-4). 정말 감쪽같았다. 동료 교수 몇 명에게 보여주었는데 아무도 원본 사진과 합성 사진을 구별하지 못할 정도로 완벽했다. 이 사진을 앞서 설명한 모니터 화면에서 움직이게끔 한 뒤 풀처에게 보여주었다.

만일 풀처가 얼굴 무늬만으로 이웃과 낯선 개체를 구별한다면 몸과는 상관없이 이웃의 얼굴을 한 사진에는 너그럽고 낯선 개체의 얼굴을 한 사진에는 경계심을 보일 것이다. 다시 말해 '이웃의 얼굴 무늬와 낯선 개체의 몸' 합성 사진에는 관대한 태도를 보이고 '낯선 개체의 얼굴 무늬와 이웃의 몸' 합성 사진에는 공격적인 모습을 보일 것이다. 혹여 얼굴 무늬가 아닌 몸으로 상대를 인식한다면 결과는 반대가 되리라. 가공하지 않은 원본 사진 2장을 포함한 총 4장의 사진을 실험 개체에게 무작위로 보여주고 반응을 살폈다. 사진에 익숙해지지 않도록 사이사이에 이틀의 간격을 두었다. 과연 결과는 어땠을까.

우선 이웃의 원본 사진에는 경계 시간이 짧고 낯선 개체의 원본 사진에는 경계 시간이 길었다(그림 2-5). 예비 실험에서 관찰

그림 2-4 4장의 실험 사진을 만드는 방법. 이웃 ①과 낯선 개체 ③의 사진을 각각 준비한다. 낯선 개체 ③의 몸에 이웃 ①의 얼굴 무늬를 합성한다(=이웃의 얼굴 무늬와 낯선 개체의 몸, ②). 이웃 ①의 몸에 낯선 개체 ③의 얼굴 무늬를 합성한다(=낯선 개체의 얼굴 무늬와 이웃의 몸, ④). (Kohda et al. 2015를 일부 수정함)

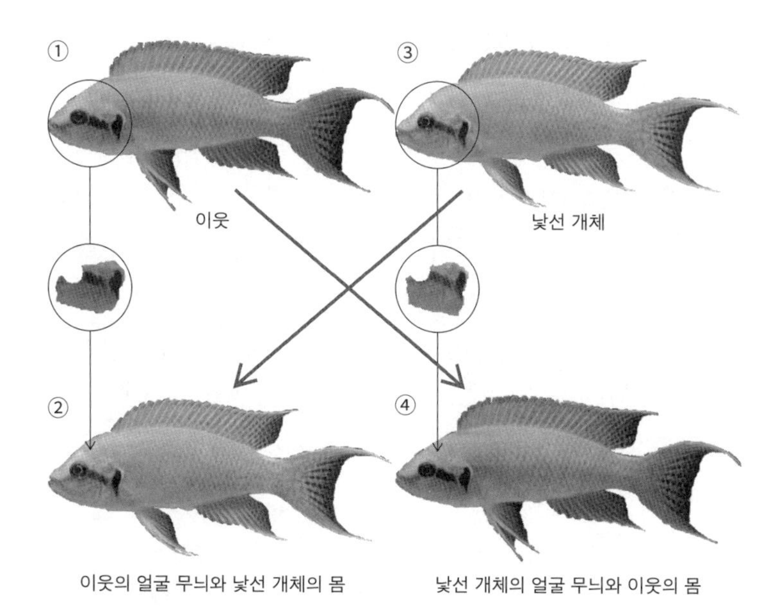

한 대로다. 이제부터가 진짜다. 이웃의 얼굴 무늬와 낯선 개체의 몸 합성 사진에서 보이는 경계심은 이웃의 원본 사진을 봤을 때와 큰 차이 없이 낮았다. 그리고 낯선 개체의 얼굴 무늬와 이웃의 몸 합성 사진에서는 낯선 개체의 원본 사진을 봤을 때와 다름없는 수준의 높은 경계심을 보였다. 예상과 정확하게 일치하는 결과였다. 우리 두 사람의 얼굴에서 웃음이 가시지 않았다.

만약 풀처가 몸도 어느 정도 식별의 기준으로 삼고 있다면, 이웃의 얼굴 무늬와 낯선 개체의 몸 합성 사진에 이웃의 원본 사진보다 더 큰 경계심을 보여야 하지만 그러지는 않았다. 반대도 마찬가지다. 다시 말해 사진에서 몸 부분은 거의 혹은 전혀 보지 않는 셈이다. 이처럼 풀처는 색 변이가 나타나는 얼굴 무늬만으로 상대를 식별했다. 실험은 대성공이었다. 어느 정도 예상은 하고 있었지만 결과가 나왔을 때는 정말로 기뻤다. 고사카 역시 졸업 발표회를 근사하게 마쳤다.

좀더 깊고 중요한 이야기를 해보자면 이 결과만으로 풀처가 얼굴로 상대 개체를 식별하는지는 알 수 없다. "이웃과 낯선 개체의 카테고리만 구별한다고 볼 수도 있지 않을까?"라는 질문에 반론하기 어렵기 때문이다. 이러한 식별 능력을 '클래스 레벨 인식'이라고 부른다. 물고기가 상대 개체를 개별적으로 인식하고 있음을 증명하려면 여러 이웃 개체를 식별한다는 사실을 증명해야 한다. 이러한 식별 능력은 '진정한 개체 인식'이라 불린다.

그래서 풀처가 진정한 개체 인식을 할 수 있는지 실험해봤다. 물론 그들은 예상대로 식별을 해냈다. 여기에서는 실험에

그림 2-5 실험 결과. 이 이=이웃의 얼굴 무늬+이웃의 몸, 이 낯=이웃의 얼굴 무늬+낯선 개체의 몸, 낯 이=낯선 개체의 얼굴 무늬+이웃의 몸, 낯 낯=낯선 개체의 얼굴 무늬+낯선 개체의 몸. 이웃의 얼굴 무늬면 몸에 상관없이 경계심을 늦춘다. 낯선 개체의 얼굴 무늬면 몸에 상관없이 경계심을 품는다. 이 결과는 풀처가 얼굴만으로 이웃과 낯선 개체를 식별하고 있음을 나타낸다. a와 b는 같은 문자끼리는 유의차가 없고 다른 문자 사이에는 유의차가 있음을 나타낸다. (Kohda et al. 2015)

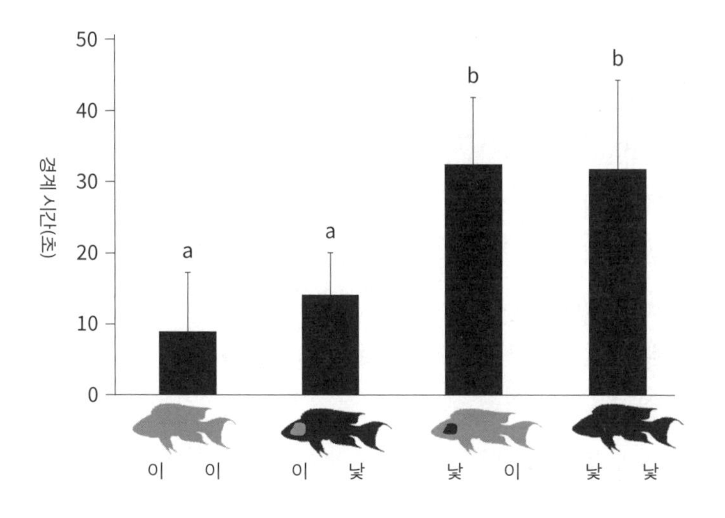

대한 상세한 설명은 생략하겠지만(Saeki et al. 2018) 풀처는 확실히 이웃 A와 이웃 B를 구별할 수 있었다. 진정한 개체 인식 없이는 사회생활이 불가능하니 당연한 일이다. 이 실험은 당시 4학년이었던 사에키 다이가가 맡았다. 사에키는 수조 실험뿐 아니라 야외 조사에도 관심을 둬서 대학원에 진학한 뒤로는 탕가니카 호수에도 몇 번 다녀왔고, 현재는 박사 학위를 받기 위해 협동 번식을 하는 물고기에 대한 야외 조사를 진행하고 있다.

얼굴을 보는 걸까, 무늬를 보는 걸까

앞에서 본 일련의 실험으로 물고기도 포유류처럼 얼굴을 통해 각 개체를 식별한다는 사실이 처음으로 밝혀졌다. 하지만 풀처는 색 변이가 나타나는 무늬가 얼굴에만 있기 때문에 이 결과만으로는 얼굴로 식별을 하는지 무늬로 식별을 하는지 알 수 없다. 만약 몸에 무늬가 있는 물고기로 실험할 수 있다면 개체 식별에 사용하는 정보가 얼굴인지 무늬인지를 확인할 수 있을 것이다.

곧장 도감을 펼쳐 탕가니카 호수의 사회성 높은 물고기 중 개체 식별을 하리라고 예상되는 물고기들의 사진을 찾아보았다. 그런데 찾아본 물고기 대부분이 얼굴에 무늬를 띠고 있었다. 얼굴 외에 다른 곳에만 무늬가 있는 시클리과 물고기는 없었다.

이쯤에서 잠깐 옆길로 새보자. 동물사회를 연구할 때 관찰 대상 개체를 식별하고 개체 간 관계를 파악하는 과정은 기본이자 필수다. 사회관계를 밝히는 일은 여기에서 출발한다. 일본이 자랑하는 원숭이학도 원숭이의 개체 식별에서 시작되었다. 일본원숭이의 얼굴은 한 마리 한 마리 모두 다르다. 연구자들은 원숭이 개체별로 얼굴을 기억하고 관찰하면서 원숭이의 사회관계를 연구한다. 물고기 사회를 연구하는 방법 역시 다르지 않다. 물고기를 개체 식별하여 연구해야 하는 것이다.

물고기 사회구조 연구를 위해 탕가니카 호수에서 관찰 조사를 수행하던 시절, 나 역시 물고기의 얼굴 무늬를 통해 대상 개체를 식별했다. 가령 1996년부터 10년 동안 칼리노크로미스와 로보킬로테스스의 사회구조를 연구했을 때도 얼굴의 무늬를 통해 각 개체를 구분했다. 얼굴 무늬를 기억할 때는 특징을 한마디로 표현한 별명을 붙이면 유용하다. 예를 들자면 목걸이, 칫솔, 브래지어, 경단 등이 있다. 이 방법으로 칼리노크로미스는 약 200개체를, 로보킬로테스스도 약 70개체를 식별했다. 이는 원숭이 연구 방법과 완전히 일치한다. 그러나 당시에는 물고기들도 얼굴에 있는 무늬로 서로를 구별하고 있다고는 상상조차 하지 못했다.

나는 시클리과 물고기가 몸에서 가장 빨리 인식하는 부분이 얼굴이고 좀더 신속하게 개체를 식별해내기 위해 개체 신호를 얼굴에 발달시켰으리라고 봤다. 개체 신호라고 할 수 있는 무늬가 지금까지 조사한 수많은 물고기의 몸 중에서도 특히 얼굴에 집중적으로 나타난다는 사실 자체가 이 가설을 지지한다. 이 가설을 증명하려면 얼굴 외 부위에 무늬를 띠는 물고기가 다른 개체를 식별할 때 얼굴을 보는지 얼굴 외 부위를 보는지를 확인하면 되지만 탕가니카 호수의 물고기 중 얼굴 외 부위에 무늬를 갖고 있는 종을 찾을 수는 없었다. 그래서 조사 범위를 전 세계의 물고기로 넓혔다.

조사 끝에 찾아낸 물고기는 디스커스였다. 디스커스는 몸 전체 길이가 10~20센티미터 정도로 얼굴뿐 아니라 몸 전체가 개체 변이가 있는 무늬로 뒤덮여 있다.

2. 얼굴을 인식하는 물고기들

디스커스도 얼굴을 알아볼까?

열대어의 왕이라 불리는 디스커스는 온몸이 예쁜 무늬로 덮여 있다(그림 2-6). 부부가 함께 새끼를 기르며 몇 년 동안이나 연을 이어간다. 파트너에게는 다정하지만 생면부지의 낯선 개체에게는 공격적이라는 점을 고려했을 때 디스커스가 파트너와 낯선 개체를 식별한다는 사실은 분명해 보인다.

풀처와 달리 디스커스는 온몸에 색 변이가 있는 무늬를 띠고 있다. 디스커스가 상대 개체를 식별하는 기준은 온몸의 무늬일까 아니면 그중에서도 얼굴의 무늬일까. 내 예측은 '얼굴 무늬만으로 개체 식별을 한다'였다. 디스커스의 얼굴을 아가미덮개* 앞까지라고 보고 풀처와 같은 방법을 적용하되 이번에는 그림

* 물고기의 몸에서 아가미를 덮고 있는 뚜껑.

2-6, 책머리 그림 2b, 2c처럼 얼굴 부분 전체를 합성했다. 이 실험은 당시 대학원생이었던 사토 슌이 수고해주었다. 사토는 직접 기른 디스커스를 품평회에 출품해 표창까지 받았을 정도로 디스커스 마니아인데, 이보다 더 좋은 실험자는 있을 수 없었다.

결과는 나의 예상을 조금도 벗어나지 않았다(그림 2-6d). 암컷과 수컷 모두 파트너의 얼굴이 있는 사진을 파트너로 인식해 낯선 개체의 얼굴이 있는 사진과 구별하고 있었다. 즉 디스커스 역시 상대방의 옆얼굴에 있는 무늬만으로 개체를 식별하고 몸의 무늬는 보지 않았다. 이 실험은 물고기가 개체 식별에 사용하는 정보가 무늬가 아닌 얼굴이라는 가설을 뒷받침한다.

디스커스 부부는 약 1.5센티미터 정도 되는 크기의 수많은 새끼 물고기를 데리고 이동한다. 안식처가 한 곳으로 고정되어 있다면 파트너를 금방 알아보겠지만 그런 곳 없이 새끼들을 이끌고 물속을 떠돌 때는 떨어져 있는 탓에 서로를 알아보기가 쉽지 않다. 접근해 오는 물고기가 파트너인지 아닌지를 알아보지 못하면 새끼들은 순식간에 잡아먹히고 만다. 접근하는 개체를 단박에, 정확하게 식별해내는 일이 디스커스에게 매우 중요한 이유다.

쿠헤이와 피라루쿠의 얼굴 무늬

암수가 함께 새끼들을 돌보며 이동 생활을 하는 물고기는 또

그림 2-6 디스커스의 얼굴 인식 실험. a) 디스커스의 전신사진. 온몸에 무늬가 있다. b) 얼굴(흰색)과 몸(회색). c) 얼굴의 무늬 변이. d) 파트너의 얼굴을 한 사진과는 인사를 나누지만 낯선 개체의 얼굴을 한 사진에는 인사를 하지 않는다. e) 파트너의 얼굴을 한 사진에는 위협 행동을 보이지 않지만 낯선 개체의 얼굴을 한 사진에는 위협 행동을 취한다. (Satoh et al. 2016)

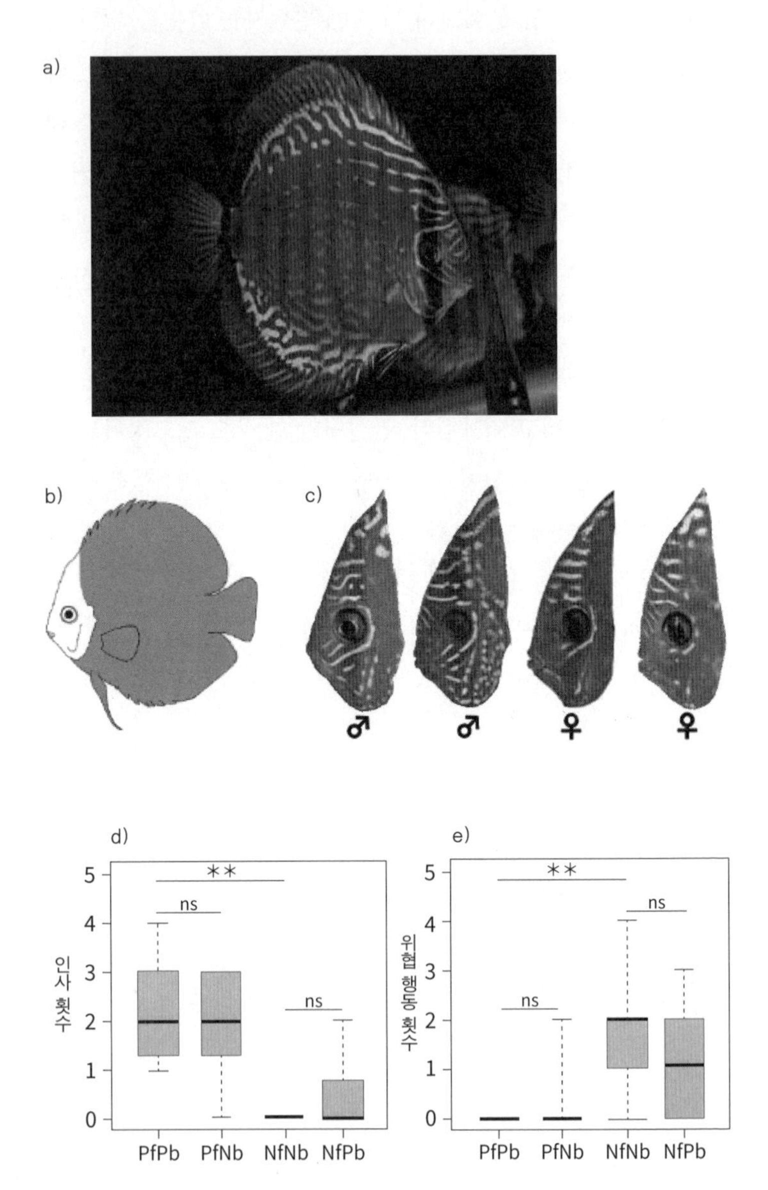

Pf=파트너의 얼굴, Nf=낯선 개체의 얼굴, Pb=파트너의 몸, Nb=낯선 개체의 몸

있다. 예컨대 탕가니카 호수에는 현지 스와힐리어로 쿠헤이라 불리는 어식성 물고기가 산다. 몸길이가 1미터에 달하는 세계 최대 시클리과 물고기로, 겉모습도 맛도 새끼 방어와 비슷하다(그림 2-7, 책머리 그림 3a). 쿠헤이는 부부가 함께 육아를 하며 새끼가 10센티미터 크기로 성장할 때까지 안식처를 떠나 물속을 떠돈다.

새끼들과 함께 헤엄치는 암컷과 수컷 쿠헤이의 얼굴에는 개체 변이가 있는 노란색·파란색 무늬가 또렷하다. 무늬가 가장 선명한 시기는 육아가 한창일 때다. 일반적으로 물고기의 몸 색깔이 선명해지는 현상은 성선택과 관련이 있고 이성에게 구애하거나 짝짓기를 앞둔 수컷에게서 주로 나타난다. 그리고 수컷이 고운 몸 빛깔을 띠는 현상은 성선택의 원리가 강하게 작용하는 일부다처 사회에서 두드러진다. 그러나 쿠헤이는 한 마리 수컷이 한 마리 암컷과 짝을 이룬 뒤 짝짓기 철이 한참 지난 육아기에야 무늬가 선명해지므로 이 형질이 성선택과 관련되었다고 보기는 어렵다. 심지어 수컷의 얼굴뿐만 아니라 암컷의 얼굴에도 선명한 무늬가 나타난다. 따라서 쿠헤이의 얼굴에 나타나는 무늬는 육아를 하는 동안 신속하고 정확하게 상대 개체를 인식하기 위한 장치로 여겨진다. 디스커스와 마찬가지로 파트너를 알아보지 못하면 새끼들이 한순간에 잡아먹힐 위험에 처할 수 있어서다. 무늬는 얼굴에만 집중적으로 나타난다.

쿠헤이처럼 암컷과 수컷이 함께 새끼를 돌보는 고대 물고기가 있다. 고대 물고기란 고생대나 중생대 때의 형태와 지금의

그림 2-7 a) 번식 중인 쿠헤이의 얼굴에 선명한 무늬가 보인다(아와타 사토시 촬영). b) 고대 물고기 피라루쿠의 전신사진과 얼굴 사진. 얼굴 표면에 개체 변이가 있는 무늬가 있다. (PSawanpanyalert/Shutterstock.com)

a)

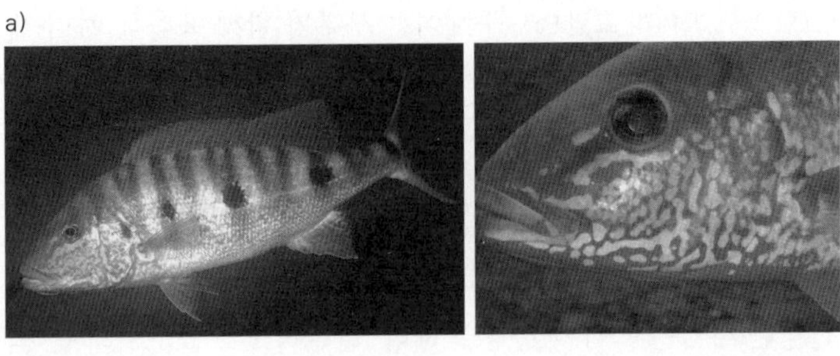

b)

형태가 크게 다르지 않은 물고기, 이른바 '살아 있는 화석'을 의미한다. 남미 아마존강에 서식하는 몸길이 3미터의 어식성 물고기, 피라루쿠(그림 2-7, 책머리 그림 3b)도 그중 하나다. 피라루쿠는 중생대의 형태에서 거의 바뀐 점이 없다. 쿠헤이와 마찬가지로 피라루쿠 역시 암컷과 수컷이 함께 새끼들을 데리고 다니며 육아를 한다.

피라루쿠의 얼굴을 잘 관찰해보면 비늘은 없는 반면 눈 주위부터 뺨에 이르기까지 화상 흉터 같은 무늬가 있음을 알 수 있다. 이 무늬는 개체마다 다르다. 몸은 커다란 비늘로 덮여 있지만 얼굴에서만큼은 개체 변이가 있는 무늬가 두드러진다. 무늬는 수컷은 물론 암컷에게도 있는데 지금껏 살펴봤던 농어목 물고기의 색 변이와는 완전히 다른 아가미뚜껑 표면의 변이다. 번식 생태를 고려할 때 피라루쿠 역시 쿠헤이나 디스커스처럼 부부끼리 개체 식별이 필요하고 이때 얼굴의 무늬를 활용한다고 짐작할 수 있다. 그렇다면 피라루쿠 외 다른 고대 물고기도 변이가 있는 얼굴 무늬를 통해 얼굴 인식을 할 가능성이 있다. 이 가설도 아마존 현지에서 꼭 조사하고 싶은 주제다. 물고기의 얼굴 인식 능력이 중생대, 고생대부터 이어져 내려왔음을 암시하기 때문이다.

산호초에 서식하는 물고기의 얼굴 인식

예쁜 열대어라고 하면 산호초에 서식하는 알록달록한 물고기들을 빼놓을 수 없다. 산호초 물고기 중에는 넓은 범위를 무리 지어 헤엄치며 생활하는 물고기도 있지만 자기 영역을 확보하는 방식으로 한곳에 정착해서 살아가는 정착성 물고기도 많다. 정착성 물고기는 여러 형태의 안정된 사회구조를 형성하고 앞에서 살펴본 물고기들처럼 서로 개체 식별을 한다.

영역 본능을 지니는 자리돔 계통의 물고기들도 여기에 해당한다. 그중 살자리돔은 내가 학생 때 연구했던 물고기다. 앞서 언급했듯 살자리돔은 자기 영역 안에 있는 먹이, 즉 조류를 동종뿐 아니라 먹이 경쟁 관계에 있는 다른 종으로부터도 철저하게 지킨다.

살자리돔의 세력권은 파도가 강하고 조류가 많이 나는 바위지대 인근이며 경계를 사이에 두고 이웃의 영역과 접해 있다. 살자리돔을 가만히 관찰해보면 맞닿은 영역에 사는 물고기를 이웃으로 인식하며 이웃끼리는 서로 너그럽다는 사실을 알 수 있다. 풀처처럼 '신사협정(친애하는 적대관계)'을 맺는 셈이다. 살자리돔도 이웃을 개체 식별한다. 하나의 영역은 이웃 4~6마리의 영역과 접해 있고 모든 이웃을 개별적으로 구별한다.

영역 본능이 있는 자리돔 계통 물고기의 얼굴에 자외선을 비추면 개체마다 다른 무늬가 나타난다. 따라서 여기에 속하는 레몬담셀, 암본담셀 같은 물고기는 얼굴의 무늬를 통해 개체 식별을 한다고 추측할 수 있다. 다른 자리돔 계통 물고기의 실증 연구는 아직 진행되지 않았지만 아마 얼굴 무늬로 개체 식별을 하리라고 여겨진다. 같은 자리돔과 물고기 중에서도 세력권을 형성하는 일 없이 무리 지어 플랑크톤을 찾아다니는 종이 있다. 딱히 개체 식별을 할 필요가 없는 이들의 얼굴에는 아무리 관찰해도 뚜렷한 무늬가 발견되지 않는다.

산호초 지대의 많은 물고기는 수컷이 자기 영역 안에서 여러 암컷과 집단을 이루는 방식으로 살아간다. 같은 개체와 몇 번이고 마주치는 고도의 사회다. 가령 놀래기, 눈동미리, 청줄돔 계통의 물고기는 하렘형 일부다처 사회구조를 형성한다. 이들의 사진을 도감이나 인터넷에서 찾아보면 얼굴에서 개체 변이가 있는 무늬를 볼 수 있다. 이처럼 구성원 간 개체 식별이 필요한 사회에서 살아가는 산호초 물고기들의 얼굴에는 개체 변이가 있는 무늬가 발달한 듯 보인다. 그러나 산호초 물고기의 얼굴에 나타난 무늬는 아직 누구도 연구하지 않았고 지적조차 한 적이 없다. 얼굴 무늬를 기준으로 개체 식별을 한다는 사실을 검증한 실험도 전혀 없어 앞으로 이와 관련된 연구가 필요하다.

물고기의 얼굴 인식은 물고기 전반에서 나타나는 일반적인 현상일까. 지금까지 언급했던 예와 방금 살펴본 산호초 물고기는 현시점 지구상에서 크게 번성한 농어목 물고기다. 물고기 얼굴 인식의 보편성을 밝히려면 농어목이 아닌 다른 분류군에 속하는 물고기를 조사할 필요가 있다.

구피와 송사리도 얼굴을 인식할까?

세계적인 인기를 구가하며 널리 길러지는 열대어는 단연 구피다. 품종이 다양하기로도 유명한 구피 역시 일정 수 이상 기르면 수조 안에서 서열과 영역이 정해진다. 그토록 자그마한 물고기끼리도 서로 개체 식별을 하는 것이다. 구피는 열대송사리목이라는 분류군에 속한다. 야생의 수컷 구피는 작은 세력권을 만들어놓고 그곳에 찾아오는 암컷과 교미하는 방식으로 짝짓기를 한다. 암컷이 선호하는 수컷은 몸에 있는 오렌지 무늬가 크고 선명한 개체다. 수컷의 오렌지 무늬는 성선택에 따라 진화한 셈이다. 다양한 품종의 수컷 구피에게서 볼 수 있는 선명한 색깔은 야생종을 인위적으로 개량한 결과다.

구피 품종을 도감에서 찾아 얼굴, 몸, 지느러미의 색깔을 살펴보았다. 각 품종의 수컷에게서 나타나는 몸과 지느러미 색깔의 변이는 그야말로 감탄을 자아냈다. 그런데 자세히 보니 몸 색깔에 아무리 다양한 변이가 일어나도 딱 한 곳, 모든 품종에서 공통된 색을 띠는 부분이 있었다. 여러분도 도감이나 인터넷에서 찾아보기 바란다. 바로 눈의 대각선 뒤쪽에 있는 은백색의 작은 무늬다. 가령 풀레드라는 품종의 수컷은 몸 전체가 아름다운 주황색을 띠는데 눈의 대각선 뒤쪽에만 은백색이 남아 있다. 게다가 얼굴에 있는 은백색 무늬의 모양, 크기, 빛깔은 어느 품종이든 개체별로 미묘하게 다르다. 아무리 품종 개량을 거쳐도 이 무늬만큼은 남아 있다는 사실로 추측해보건대 은백색 무늬를 관장하는 유전자는 고운 몸 무늬를 관장하는 유전자와는 완전히 다를 것이다.

벌써 눈치챘는지도 모르겠다. 구피는 이 은백색 무늬로 개체 식별을 할 가능성이 크다. 이제까지 수컷 구피의 선명한 색깔과 변이를 성선택의 관점에서 다룬 수많은 연구 논문이 곳곳에서 발표되었다. 그러나 눈으로 관찰 가능한 몸의 특징이라는 공통점에도 불구하고 얼굴에 있는 은백색 무늬를 다룬 연구는 하나도 없었다.

잘 보면 암컷의 얼굴에도 수컷처럼 개체 변이가 있는 은백색 무늬가 있다. 수조에서 기르는 암컷 구피 역시 서열이나 영역을 형성한다는 사실로 미루어 봤을 때 그들도 은백색 무늬를 통해 개체 식별을 하는 듯하다.

'구피는 얼굴에 있는 작은 은백색 무늬를 통해 개체 식별을 한다'는 가설을 검증해보자. 검증에 나선 사람은 당시 4학년이었던 후쿠시마리 오였다. 실험 대상은 구피 품종 중에서도 가장 인기가 많은 네온턱시도 수컷이었다. 도매가로 마리당 150엔이니 가격도 저렴했다. 40마리를 사서 풀처와 동일하게 합성 사진으로 실험을 진행했다. 실험 결과는 풀처 때와 마찬가지로 명확했다. 구피 역시 얼굴만으로 개체 식별을 하고 있었다. 다만 사회 행동 방식이 농어목 물고기와는 다른 점이 많아 행동 해석에서 후쿠시마리가 애를 먹었다.

그 밖에 송사리도 얼굴로 개체 식별을 한다는 연구 결과가 있다. 동요에 자주 등장하는 국민 물고기 송사리가 얼굴을 통해 상대방을 구별하는 것이다. 송사리를 자세히 들여다보면 눈에서 몸 방향으로 작은 타원형 무늬가 있다. 송사리는 개체 변이가 있다고 알려진 이 무늬를 기준으로 개체 식별을 하는 것으로 판단된다. 송사리는 동갈치목 물고기로 농어목과는 다른 분류군에 속한다. 바꿔 말해 농어목과 열대송사리목에 이어 동갈치목 물고기도 얼굴 무늬에 기반한 시각 정보를 통해 개체를 식별한다는 사실이 확인됐다.

큰가시고기는 일본에서도 서식하는 큰가시고기목 물고기다. 고전 동물행동학 연구자 틴베르헌 교수가 신호 자극을 발견한 모델 생물로 제1장에서 언급한 바 있다. 큰가시고기 수컷은 세력권을 형성한다. 그렇다면 개체 식별도 할 수 있을까?

큰가시고기의 얼굴 인식 연구는 당시 석사 과정을 밟고 있었던 이노우에 이즈미가 담당했다. 큰가시고기를 자세히 관찰해 보니 변이가 다채롭게 나타나는 부분이 얼굴에만 집중되어 있었다. 풀처, 디스커스와 같은 방법으로 모의실험을 진행한 결과 큰가시고기 역시 얼굴을 통해 개체 식별을 하고 있었다. 게다가 식별의 정밀도는 농어목 물고기와 별반 다르지 않았다. 여기에서는 실험의 상세한 내용은 설명하지 않겠지만 어쨌든 큰가시고기도 얼굴로 상대 개체를 구별할 수 있으며 결코 단순한 본능 행동만 하는 물고기는 아니었다.

우리 연구실이 지금까지 얼굴을 통한 개체 식별 능력을 살펴본 물고기는 농어목 시클리과 물고기인 풀처와 디스커스, 열대송사리목 물고기인 구피, 동갈치목 물고기인 송사리, 큰가시고기목 물고기인 큰가시고기 등 총 4개 목에 이른다. 조사한 모든 물고기에게서 개체 식별 능력을 확인했다. 만약 피라루쿠 역시 얼굴 정보를 바탕으로 개체를 구분한다면 물고기의 얼굴 인식은 상당히 넓은 분류군에서 일어나는 현상이라는 결론을 내릴 수 있다. 혹여 피라루쿠에게서 얼굴 인식 능력이 확인되지 않더라도 이미 4개 목에서는 확인을 마친 상태다. 그러니 사회성 높은 물고기가 얼굴을 통해 개체 인식이나 개체 식별을 하는 현상은 물고기 세계에서는 일반적인 일이라고 보아도 좋을 듯하다.

아울러 대부분 소형 물고기라는 점도 눈여겨보아야 한다. 특히 송사리나 구피는 몸길이가 수 센티미터에 불과하고 뇌는 쌀알 크기보다 작다. 쌀알보다 작은 뇌로도 얼굴 인식을 할 수 있는 셈이다. 어쩌면 뇌의 크기는 뇌 기능의 제한 요인으로 작용하지 않는지도 모른다. 이 부분도 지금까지의 상식과는 동떨어진 내용으로 앞으로 많은 연구가 필요해 보인다.

시선이 정말 얼굴로 향할까?

인간이 타인을 만나거나 사진을 볼 때 가장 먼저 보는 부분이 얼굴이라는 사실을 우리는 경험적으로 알고 있다.

어떤 개체가 상대 개체의 어디를, 얼마나 보는지 알아보는 방법으로는 시선추적법이 있다. 인간이나 침팬지의 머리에 측정 장치를 씌우고 시선이 향하는 곳과 시선이 머무는 시간을 측정한다. 이 방법으로 조사했을 때 인간이 가장 먼저 시선을 두는 곳은 예상대로 타인의 얼굴이고 침팬지 역시 얼굴이었다. 인간이나 침팬지는 상대방을 보면서 개체를 특정할 뿐 아니라 표정을 통해 상대의 기분과 감정도 읽어낼 수 있다. 더욱이 눈을 보면 상대가 어디를 보고 무엇에 주목하는지, 다시 말해 그의 관심사를 파악할 수 있다. 따라서 상대를 식별한 뒤에도 얼마간은 얼굴에 시선을 둔다.

물고기는 어떨까. 물론 이런 연구는 세계 어디에서도 수행된 적이 없었다. 만약 물고기에게도 상대 개체의 정체를 한시라도 빨리 알아채는 일이 중요하다면 가장 먼저 보는 상대의 부위 또한 얼굴일 가능성이 크다. 하지만 물속에 있는 물고기에게 시선 추적 장치를 씌울 수 있을 리 만무하다. 어떻게든 물고기의 시선이 가는 곳을 알아내고 싶었지만 물고기에게 적용할 만한 측정 장치는 없었다. 다시금 창의력을 발휘할 때가 왔다.

목표는 물고기의 시선을 추적하는 방법을 확립하는 것이었다. 물고기에게 장치를 씌우는 방법은 현실적으로 무리다. 이번에도 실험 대상은 풀처다.

어느 날, 풀처가 들어 있는 수조의 유리 벽에 레이저 포인터를 쏴 빨간 점을 만들어보았다. 빨간 점은 무척 눈에 띄었다. 그래서일까. 갑자기 풀처가 쓱 하고 빨간 점의 코앞까지 다가오더니 잠깐 멈춰서서는 그것을 가만히 들여다보는 게 아닌가. 잠시 뒤 풀처는 빨간 점 앞을 떠나 수조 안을 헤엄쳤다. 쓸 만했다. 곧 레이저 포인터로 빛을 조사照射하는 실험을 계획했고 실험이 진행되는 동안 영상을 찍었다. 실험이 끝나고 해당 영상을 살펴봤는데, 풀처가 빨간 점을 들여다보며 멈춘 찰나에 영상을 멈추고 체축體軸 선을 앞으로 연장하자 빨간 점에 닿았다. 풀처가 분명 빨간 점을 주시하고 있었으므로 체축 선을 전방으로 연장하면 풀처의 시선 방향을 알 수 있다는 결론을 도출할 수 있었다(그림 2-8a). 시선추적법에 비해 정확도는 떨어지지만 이 방법이면 물고기가 어디를 보고 있는지를 알 수 있을 듯했다. 본 적도, 들은 적도 없는 새로운 방법이었다.

역시 맨 먼저 보는 곳은 얼굴이었다

물고기의 시선이 상대 개체의 어디를 향하는지 관찰하는 실험의 수조를 그림으로 나타냈다(그림 2-8b).

평소 거주 영역에서 지내는 풀처는 출입구가 열리면 실험 영역에 들어가 모델 부착판에 붙은 모델을 본다. 우리는 거주 영역에서 나온 풀처가 맨 먼저 어디를 보는지 살폈다(그림 2-8c). 모델을 얼굴 부분, 몸 부분, 꼬리 부분으로 삼등분해서 풀처가 제일 처음 정지해서 시선을 두는 곳이 세 부분 중 어디인지를 관찰했다. 시선추적법만큼 정밀도 높은 방법은 아니지만 세 부분 중 어디를 보는지 정도는 무리 없이 판별해낼 수 있다.

그림 2-8 a) 레이저 포인터의 빨간(그림에서는 하얗게 보인다) 점을 보는 풀처. b) 물고기의 시선 방향을 실험하는 장치. c) 실험에 사용한 모델. (Kawasaka et al. 2019)

a)

b)

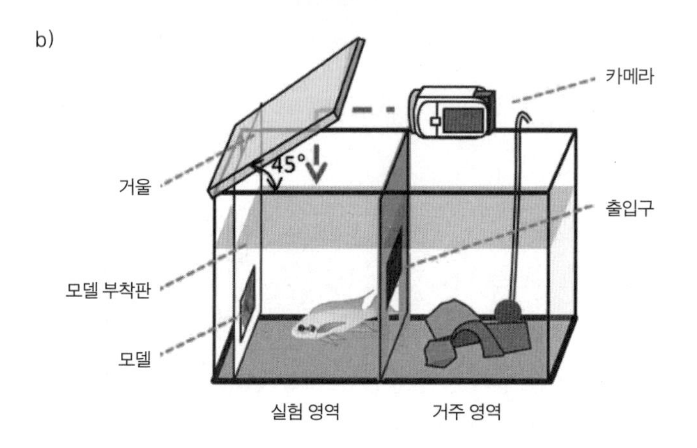

c)

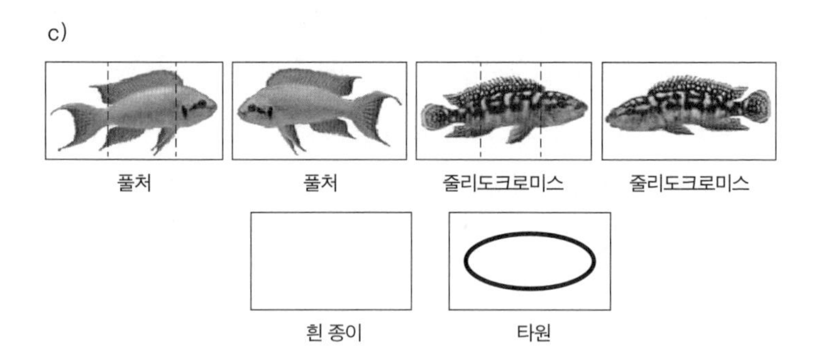

그림 2-9 풀처의 시선이 향하는 곳을 관찰한 실험 결과. 얼굴 부분, 몸 부분, 꼬리 부분을 응시한 횟수(a)와 응시 시간(b). 두 어종의 왼쪽·오른쪽 모델을 모두 합친 값이다. 응시 횟수도, 응시 시간도 모두 풀처가 얼굴 부분을 가장 많이 본다는 사실을 가리킨다. (Kawasaka et al. 2019)

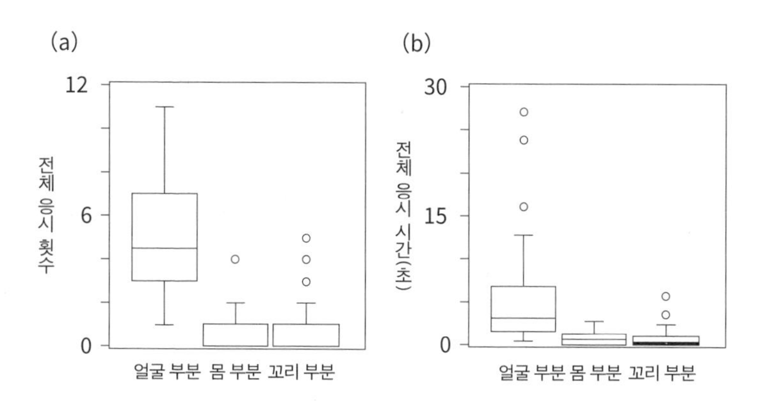

풀처의 왼쪽·오른쪽 모델에 더해 풀처의 동지역종*인 줄리 도크로미스의 왼쪽·오른쪽 모델까지 총 4장을 준비했고, 대조 실험을 위해 흰 종이와 옆으로 길쭉한 타원 그림도 준비해 보여주었다. 결과를 정리한 그래프가 그림 2-9다. 명백했다. 역시 시선이 맨 먼저 닿는 곳은 얼굴이었다. 대조 실험으로 보여준 타원에는 아예 시선을 두지 않았다. 이 실험은 예상한 바대로 물고기도 상대 개체의 몸 중 얼굴을 가장 먼저 본다는 결과를

* 같은 지역에서 공존하며 살아가는 종.

보여줬다. 물고기의 시선이 상대 개체의 어디를 향하는지 밝힌 이번 실험 결과 역시 우리 연구실이 세계에서 가장 먼저 시도해 얻은 성과다.

이 실험은 지금도 진행 중이다. 인간은 얼굴 중에서도 상대방의 눈을 가장 먼저 본다. 물고기가 상대 개체의 얼굴을 가장 먼저 본다는 사실은 확인했으니 인간처럼 얼굴 중에서도 특히 유심히 보는 부위가 있는지를 확인할 차례다. 현재 우리 연구실은 물고기의 얼굴을 크게 인쇄해 얼굴의 어느 부분을 응시하는지를 관찰하고 있다. 아직 결론이 나지 않았지만 아무래도 눈이 중요한 듯하다. 얼굴 인식에서 작고 까만 점이 중요하다는 사실은 현재 한창 밝혀지고 있는 중이다.

3. 얼굴 인식 상동 가설

인간과 포유류의 얼굴 역전 효과와 얼굴 인식 뉴런

인간의 얼굴 인식과 관련한 현상 중 얼굴 역전 효과라 부르는 현상이 있다. 인간은 평소에 보는 것처럼 똑바로 놓인 얼굴은 빠르고 정확하게 인식할 수 있지만 위아래가 뒤바뀐 얼굴은 인식하는 데 상당한 어려움을 느끼고 시간도 오래 걸린다. 이 현상이 바로 얼굴 역전 효과다. 얼굴이 아닌 사물의 위아래가 뒤바뀌어 있을 때는 인식의 지연이 발생하지 않는다.

인간의 얼굴 역전 효과는 왜 일어날까?

인간은 얼굴을 인식할 때 눈, 코 등 각 부분의 정보를 따로따로 받아들이는 것이 아니라 부분과 부분의 상대적인 배치를 포함한 얼굴 전체를 하나의 정보로 처리한다. 따라서 신속하고 정확한 식별이 가능하다. 그러나 얼굴의 상하를 뒤집으면 얼굴 정보를 전체적으로 처리하지 못하고 다른 사물을 인식할 때처럼 각 부분의 정보를 따로따로 받아들이므로 얼굴 인식에 시간이 걸린다. 얼굴이 아닌 사물은 애초에 따로따로 인식하기 때문에 똑바로 보나 뒤집어 보나 얼굴 역전 효과와 같은 현상은 일어나지 않는다. 얼굴 역전 효과는 얼굴 정보를 전체적으로 처리하는 능력과 크게 연관이 있는 것이다.

얼굴 역전 효과는 인간에게서 가장 먼저 발견되었고 뒤이어 침팬지, 히말라야원숭이, 양, 소, 개를 포함한 여러 포유류와 사랑앵무와 같은 새에게서 확인되었다.

인간에게는 얼굴 정보를 전체적으로 처리하는 기능을 전담하는 뇌 부위와 신경세포, 즉 얼굴 인식 뉴런과 얼굴 인식 세포가 있다는 사실이 알려져 있다. 비록 상세한 메커니즘은 밝혀지지 않았지만 얼굴 인식을 전담하는 신경계 덕분에 얼굴 정보를 신속하고 정확하게 처리할 수 있다고 여겨진다. 얼굴 인식 뉴런과 얼굴 인식 세포는 얼굴 역전 효과가 확인된 침팬지, 히말라야원숭이, 양에게서도 발견되었다.

풀처의 얼굴 역전 효과

지금까지 수행했던 물고기 얼굴 인식 실험에서 풀처가 이웃의 얼굴과 낯선 개체의 얼굴을 착각하는 일은 거의 없었고 식별 속도도 0.4초 이하로 무척 빨랐다. 참고로 인간의 얼굴 식별 속도는 0.45초가 넘는다. 우리는 속도, 정확성에 더해 상대 개체를 만났을 때의 시선의 방향 등 풀처의 얼굴 인식 방식이 인간의 방식과 상당히 유사하다는 점을 근거로 '풀처도 얼굴 정보를 전체적으로 처리해 얼굴을 인식한다', 다시 말해 '풀처에게도 얼굴 역전 효과가 일어난다'는 대담한 가설을 세우고 실증 연구에 들어갔다. 물론 이번 연구 역시 우리가 전 세계에서 처음으로 시도하는 것이다.

제1절에서 살펴봤듯 이웃의 얼굴과 낯선 개체의 얼굴을 보여주면 풀처는 낯선 개체의 얼굴을 오랜 시간 경계한다. 이 점을 활용하기로 했다. 만약 이웃과 낯선 개체의 얼굴을 역전시켜 보여줬을 때 경계심을 드러내는 정도가 유의미한 차이를 보이지 않는다면 얼굴 역전 효과가 있다는 결론을 내릴 수 있다(Kawasaka et al. 2019). 얼굴 역전 효과가 있다면 이웃과 낯선 개체의 얼굴을 구별하기가 어렵기 때문이다.

먼저 이웃의 얼굴 사진과 낯선 개체의 얼굴 사진을 준비한다(그림 2-10). 다만 이번에는 각각의 얼굴 무늬만 복사해 제삼자 물고기의 얼굴에 합성했다. 이렇게 하면 풀처의 얼굴 인식에서 가장 중요한 요소인 무늬만 다르고 얼굴 윤곽이나 눈 생김새는

그림 2-10 실험 대상에게 제시할 사진들. 얼굴과 사물(수조 안의 잡동사니들을 풀처의 얼굴처럼 배치한 것)을 총 10마리에게 보여준다. 풀처는 낯선 대상을 오래 보는(경계하는) 경향이 있다. (Kawasaka et al. 2019)

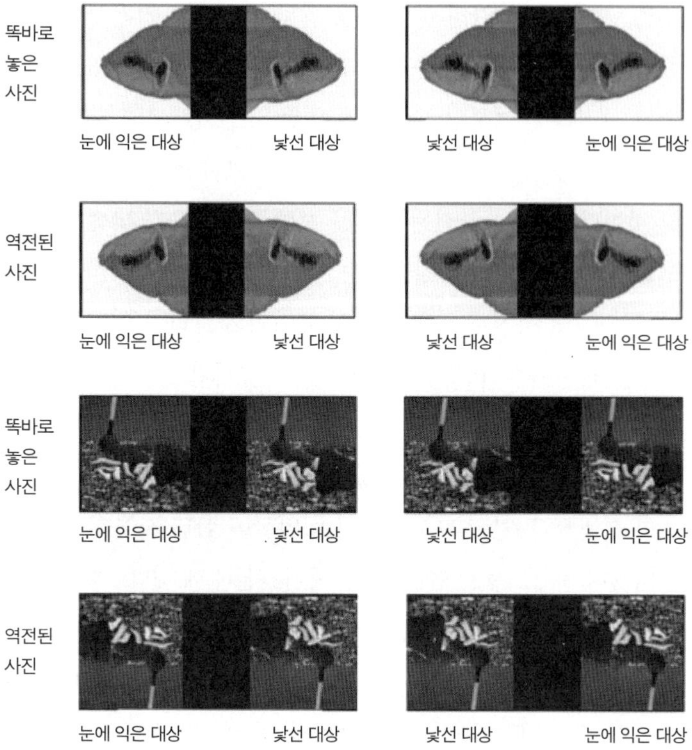

똑바로 놓은 사진

눈에 익은 대상 낯선 대상 낯선 대상 눈에 익은 대상

역전된 사진

눈에 익은 대상 낯선 대상 낯선 대상 눈에 익은 대상

똑바로 놓은 사진

눈에 익은 대상 낯선 대상 낯선 대상 눈에 익은 대상

역전된 사진

눈에 익은 대상 낯선 대상 낯선 대상 눈에 익은 대상

같아진다. 따라서 실험 대상은 얼굴 무늬라는 지극히 미세한 차이만으로 이웃과 낯선 개체를 구분하게 된다.

이웃의 사진과 낯선 개체의 사진 한 쌍을 각각 왼쪽·오른쪽으로 향하게끔 나란히 붙인 다음 똑바로 그리고 역전시켜 보여주며 양쪽을 쳐다본 횟수와 시간을 기록한다. 예상컨대 똑바로 놓인 사진을 보여주면 순식간에 얼굴을 인식해 신속하고 정확하게 이웃과 낯선 개체를 구별하고 낯선 개체를 오랜 시간 경계할 것이다. 그러나 역전된 사진을 보여주면 이웃과 낯선 개체의 구별이 어려워 양쪽을 경계하는 시간의 차이가 크지 않을 것이다. 말하자면 사진이 똑바로 놓인 때에만 도드라지게 낯선 개체의 얼굴을 자주 그리고 오래 볼(경계할) 것이다.

얼굴 역전 효과는 얼굴 인식에서만 나타나는 현상이므로 얼굴이 아닌 사물로 대조 실험을 수행할 필요가 있다. 그래서 구조와 복잡성은 얼굴과 유사하지만 얼굴이 아닌 사물의 사진을 준비했다. 바로 수조 안에 있는 에어스톤(눈에 해당), 화분(갈색 무늬에 해당), 산호 조각(뺨에 해당), 노랗게 칠한 돌(노란색 무늬에 해당)로 색상, 크기, 조합까지 얼굴 무늬와 비슷하게 구성한 사진이다. 그러나 아무리 봐도 풀처의 얼굴로는 보이지 않는다. 그게 포인트다. 사물 사진도 눈에 익은 버전과 낯선 버전을 준비해 나란히 붙인 뒤 똑바로 그리고 역전시켜 보여준다. 사물을 얼굴로 인식하지 않는다면 얼굴 역전 효과는 일어나지 않을 테니 사진을 쳐다보는 시간과 빈도는 눈에 익은 버전에서든 낯선 버전에서든 사진의 역전 여부와 관계가 없으리라고 예상했다.

이번 연구는 당시 대학원생이던 가와사카 겐토가 박사 논문의 주제로 몇 년에 걸쳐 수행했다.

결과를 살펴보자. 이웃과 낯선 개체를 고루 쳐다볼 때의 값이 0.5이며, 0.5보다 큰 값은 낯선 개체를 더 오래, 자주 쳐다본다는 의미, 0.5보다 작은 값은 이웃을 더 오래, 자주 본다는 의미다. 먼저 풀처에게 똑바로 놓인 얼굴 사진을 보여주자 예상대로 값은 0.5보다 컸다(그림 2-11). 역전된 사진을 봤을 때와 비교해도 유의미한 차를 보인다. 역전된 사진의 결과는 0.5에 가깝게 분포되어 무작위에 가깝다. 위아래가 뒤바뀌면 어느 쪽이 이웃이고 낯선 개체인지 구별하기가 무척 어려운 모양이다. 이 결과는 풀처가 동종 개체의 얼굴을 볼 때 얼굴 역전 효과가 확실하게 작용하고 있음을 보여준다.

한편 사물(수조 안의 잡동사니들을 풀처의 얼굴처럼 배치한 것)의 사진은 똑바로 놓았을 때 낯선 대상을 더 오래, 그리고 자주 보는 경향이 있다(하지만 유의미한 차이는 횟수에서만 나타난다). 역전된 사진에서는 시간과 횟수의 비율이 전체적으로 고르게 분포했다. 사물에서 사진의 역전 여부에 따른 유의미한 차이는 나타나지 않았다. 이 사실은 사물에서는 얼굴 역전 효과가 작용하지 않거나 작용하기 어렵다는 점을 보여준다. 복잡성이 유사하더라도 얼굴이 아니라면 얼굴 역전 효과가 작용하지 않는 셈이었다.

실험 결과는 인간이나 영장류 등에서 확인된 바 있는 얼굴 역전 효과가 풀처에게도 존재한다는 사실을 분명하게 보여준

그림 2-11 얼굴 역전 효과 실험 결과. 얼굴과 사물의 사진을 보여주었을 때 낯선 대상을 쳐다보는 비율이다(a는 시간, b는 횟수). 각 동그라미는 하나의 실험 개체를 의미한다. 똑바로 놓인 얼굴 사진에서는 시간과 횟수 모두에서 낯선 대상을 더 많이 본다는 사실을 알 수 있다. 똑바로 놓인 사물 사진에서는 낯선 대상을 쳐다보는 횟수가 많다. 사진의 역전 여부에 따른 차이는 얼굴에서만 관찰되고 사물에서는 차이가 없다. 얼굴 역전 효과 때문이다. *과 **은 각각 유의차 P〈0.05와 〈0.01을 의미한다. NS는 유의차가 없음을 의미한다. (Kawasaka et al. 2019)

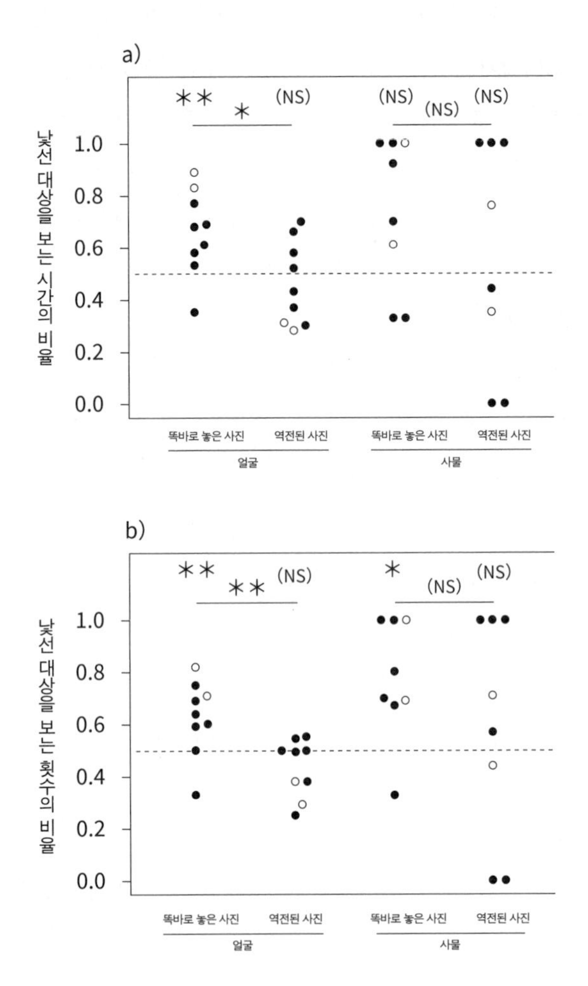

다. 이와 같은 얼굴 역전 효과는 송사리에게서도 확인되었다. (Wang, Takeuchi 2017)

얼굴 인식 뉴런의 상동 가설

얼굴 역전 효과가 나타난다고 알려진 인간, 유인원, 히말라야원숭이, 양 등에서는 얼굴 정보를 전담하여 처리하는 얼굴 인식 세포와 얼굴 인식 뉴런의 존재가 확인된 바 있다. 얼굴 역전 효과가 어떤 메커니즘으로 일어나는지는 밝혀지지 않았지만 얼굴 인식 뉴런을 비롯한 얼굴 인식 신경계의 작동에 따른 현상이라고 봐도 무방해 보인다. 그렇다면 풀처 실험에서 나타난 결과는 물고기에게도 얼굴 인식 신경계가 존재할 가능성을 시사한다.

물고기가 동료의 얼굴을 보고 개체 인식을 한다는 점은 인간이나 그 외 여러 포유류와 무척 비슷하다. 아무리 생각해 봐도 내게는 둘의 유사성이 우연처럼 느껴지지 않는다.

물고기, 포유류, 인간이 지닌 얼굴 인식 능력의 진화 경로는 크게 두 가지로 생각해볼 수 있다. 하나는 얼굴 인식 기능과 메커니즘이 물고기와 인간에게서 각각 완전히 독립적으로 발생했고 우연히 비슷해졌을 가능성이다. 이때 물고기와 인간의 얼굴 인식 방식은 '상이'할 것이다. 그렇다면 얼굴 인식 기능이 우연히 비슷해졌듯 얼굴 역전 효과도 우연히 비슷해졌다는 말이

된다. 상대방을 마주쳤을 때 얼굴을 가장 먼저 보는 현상도 우연히 비슷해졌다고 봐야 한다. 하지만 우연이라 하기에는 서로 비슷한 부분이 너무 많다.

다른 하나는 물고기와 인간의 얼굴 인식 기능이 같은 곳에서 기원했을 가능성, 이른바 '상동'일 가능성이다.

척추동물 진화의 역사를 짤막하게 되짚어보자. 고생대 데본기, 저위도 지역에 거대한 대륙이 형성되었고 대륙의 안쪽에는 현재 아마존강 유역의 약 5배 면적에 달하는 열대 담수 지역이 수천만 년 동안 유지되었다. 여기에서 크게 번성한 동물이 경골어류였고 경골어류로부터 육상 척추동물이 진화했다. 사실 현재의 열대 담수 지역인 탕가니카 호수나 아마존강 유역과 같이 흐름이 없거나 느린 담수 환경에서는 탕가니카 호수에서 관찰한 물고기들처럼 정착 생활을 하고 사회성이 높으며 육아를 하는 종들이 많이 관찰된다. 물고기의 새끼 보호 행동이 담수 지역에서 진화하는 경향이 있다는 사실은 몇몇 교과서에서도 지적된 바 있다. 데본기의 광활한 열대 담수 지역에서 경골어류가 육아 능력과 복잡한 사회를 크게 발달시켰을 여지는 충분한 셈이다.

제1장에서 등장한 육상 척추동물의 조상 에우스테놉테론이 피라루쿠처럼 암수가 함께 육아를 했을 가능성도 크다. 만약 그렇다면 에우스테놉테론 역시 얼굴로 개체 식별을 했을 것이다. 당시의 담수 지역에서도 영역이나 서열이 형성되었을 테고 그곳에서 살아남으려면 개체 식별 능력이 필수적이니 자연히 얼

굴 인식 능력이 진화한다. 그렇게 현생 경골어류의 얼굴 인식 세포와 얼굴 인식 뉴런의 원형이 완성되었을지도 모른다.

이때 발달한 얼굴 인식 신경계는 이크티오스테가*에게는 물론 데본기 이후의 석탄기에 크게 번성한 양서류에게도 전해졌을 것이다. 그리고 석탄기 말에 등장한 포유류의 선조 단궁류에게도 이어지고, 원시적인 포유류로 진화할 때까지 끊임없이 계승됐을 것이다. 얼굴 인식 능력과 신경 기반이 진화 도중에 끊겨 완전히 새롭게 만들어졌다고는 생각하기 어렵다. 다시 말해 얼굴 인식 능력과 신경 기반은 대대로 계승되었을 가능성이 더 크다. 이 '얼굴 인식 상동 가설'이 타당하다면 우리 인간은 물고기 대에서 획득한 얼굴 인식 능력을 지금까지 이어받아 사용하고 있다는 말이 된다.

얼굴 인식 상동 가설은 인간과 유인원이 복잡한 사회생활을 하는 동안 현재의 얼굴 인식 방식을 획득했다고 보는 주류의 생각을 완전히 역행한다. 나는 인간과 물고기의 얼굴 인식 능력이 얼굴 인식 뉴런이라는 유전적인 신경 기반에 그 바탕을 두고 있으며, 이 유전적인 신경 기반은 고생대에 확립되었다는 개념을 새로운 얼굴 인식 시스템으로 제안한다. 얼굴 인식 세포와 얼굴 인식 뉴런 혹은 이들의 원형이 물고기 대에서부터 진화해왔다는 주장은 꽤 일리가 있다고 생각한다. 그러나 연구는 이제 막

---

* 어류와 양서류의 중간 진화 단계에 있던 동물.

시작되었을 뿐이다. 얼굴 인식 세포와 얼굴 인식 뉴런의 유전자 단백질 조성을 조사하면 의외로 금방 알 수 있을지도 모른다. 앞으로의 연구가 무척 기대된다.

제3장

거울 자기 인식 연구의 역사

앞장까지의 생물학 이야기에서 화제를 완전히 바꿔 여기서부터는 본격적으로 거울 자기 인식 이야기를 해보고자 한다. 이번 장에서는 거울 자기 인식 연구의 역사와 함께 동물의 거울 자기 인식이 지니는 의미를 고찰한다. 특히 중요한 포인트인 동물 자아의식의 의의를 여러 학문 분야, 활동과 관련지어 검토한다.

1. 자기 인식 또는 자아의식self-awareness의 이해

"나는 생각한다. 고로 나는 존재한다"

내가 고등학교 1학년, 동생이 초등학교 2학년인가 3학년이었던 어느 날의 일이다. 둘이 집에 있는데 동생이 무척 심각한 표정으로 다가와 "형, 나는 왜 있어?" 하고 물었다. 동생의 질문이 얼마나 충격적이었던지 지금도 그 장면을 똑똑히 기억하고 있다. 나는 마음속으로 '마냥 어린애인 줄로만 알았는데 저런 생각을 다 하다니!' 하고 외쳤다. 그다음 이어진 대화는 잘 기억나지 않는다. 아마 흐지부지 마무리되었을 것이다. 아니 마무리했을 것이다. 당사자는 이미 잊은 지 오래겠지만 어쨌든 동생의 질문은 자신이 존재하는 이유가 무엇인지를 고민하는 매우 철학적인 물음이었다. 많은 사람이 어릴 때 이런 의문을 품지만 딱히 수긍할 만한 답은 얻지 못한 채 얼렁뚱땅 어른이 된다.

자기 존재를 돌아보는 능력이나 자기 존재의 이유를 찾으려는 행위는 흔히 인간 특유의 자질로 여겨진다. 데카르트는 인간을 정신과 육체로 엄격하게 구분하여 이해했으며 동물은 지능은 있지만 자기를 돌아보는 능력과 자아, '마음'은 없다고 보았다.

데카르트의 사고방식은 이후 근세 서양철학에 지대한 영향을 미쳤다. 핵심은 크게 세 가지로 요약된다. 먼저 항목별로 그것들을 간단하게 소개한 다음 최근에 각 항목이 어떻게 받아들여지고 있는지를 살펴보겠다.

첫째, 데카르트는 인간에게는 자기 존재를 인식하는 특징이 있다고 보았다. 데카르트가 남긴 말, "존재를 의심하는 나의 존재만큼은 의심할 수 없다. 나는 생각한다. 고로 나는 존재한다"는 유명하다. 인간의 자아란 자기 존재를 의식하는 것이다. 구체적으로는 자아의식이라고 한다. 자아의식이란 자기 마음을 살피는 능력이자 자신과 타인이 서로 다른 존재라는 사실을 이해하는 능력이다. 20세기까지는 인간에게만 자아의식이 있다고 여겨졌다.

데카르트 이후 많은 철학자와 과학자 역시 자아와 자아의식이야말로 인간을 정의하는 특징이라고 보았다. 심리학자인 프로이트와 융, 발달심리학자인 피아제를 포함한 다수의 철학자와 심리학자가 자아의식을 인지나 의식과 연관 지으며 자신의 지론을 펼쳐나갔다.

둘째, 동물에게는 자아의식이 없다고 보았다. 데카르트는 가장 고차원적인 의식에 해당하는 자아의식은 인간에게만 존재한다고 주장했다. 동물이 자아의 존재를 인식하지 못한다는 증거로는 ①동물에게는 언어가 없다는 점, ②동물은 본능에 따라 행동한다는 점, ③동물의 행동은 틀에 박혀 있고 융통성이 없다는 점을 들었다. 동물은 의식도 없고 기계나 다름없이 그저 자극에 반사적으로 반응할 뿐이라고까지 했다. 그러나 앞 장의 내용과 최근 인지 행동 연구 성과에서 확인할 수 있듯 동물의 범위를 물고기까지 넓히더라도 데카르트의 근거 중 언어가 없다는 항목을 제외한 나머지 두 항목은 명백하게 틀렸다.

데카르트가 제창한 자아와 자아의식은 현대 인지과학에서의 의미와 달리 육체와 대비되는 존재이자 '불사의 정신적 실체', 다시 말해 신비하고 초자연적인 존재인 영혼을 뜻했다. "영혼은 죽음과 함께 육체에서 분리되어 영원히 존재한다"라는 플라톤의 생각과 일맥상통한다. 데카르트는 동물의 영혼은 인정하지 않았다. 동물을 자아의식과 자아를 갖지 못하고 기계와 진배없이 본능에 따라서만 행동하는 존재라고 여겼으니 그들에게 영혼이 없다는 결론은 어쩌면 당연하다.

한편 인간에게 영혼이 있다는 생각은 지금도 널리 받아들여지고 있다. 가령 현재 일본인의 과반수가 영혼이라는 초자연적인 존재 혹은 과학으로는 설명할 수 없는 존재가 인간에게 깃들어 있다는 생각에 긍정적이다.

셋째, 데카르트는 자아의식이 머무는 부위를 특정할 수 있다고 생각했다. 당시 데카르트는 인간의 자아의식이 뇌의 송과체*에 있다고 보았지만 실제로는 그렇지 않다. 그러나 자아의식이 뇌에 머문다는 발상은 당시로서는 상당히 획기적이었다.

현재는 인간의 다양한 뇌 장애 증례에서 나타난 자아의식 관련 증상의 해석을 통해 자아의식과 관련 있는 뇌 부위가 무척 구체적으로 밝혀진 상태다. 적어도 특정 부위에서 자아를 인식하는 것이 아니라 여러 부위를 통해 자아를 인식한다는 사실만큼은 분명해 보인다. 자아의식이 뇌의 어느 부위에 있든 뇌신경 활동의 결과물이라는 점은 틀림없다. 뇌신경학자, 생물학자, 비교인지과학자를 포함한 여러 연구자는 의식이 뇌의 신경 생리 작용으로 발생한다고 본다.

『만들어진 신』

현재 많은 연구자는 영혼이나 신과 같은 초자연적인 존재를 상정하지 않는다. 인정하지 않는다고 봐도 무방하리라. 물론 나도 마찬가지다. 굳이 근거 없는 망상까지 들먹이지 않더라도 의식과 자아의식을 설명할 수 있어서다. 아인슈타인은 인격을 지닌 신의 존재를 부정했고 진화생물학자 리처드 도킨스는 『만들

---

* 뇌의 한가운데 있는 솔방울 모양의 기관. 생체 호르몬인 멜라토닌을 만들어 낸다.

어진 신』이라는 책에서 종교와의 결별을 선언했다.

그러나 영혼이나 신 같은 관념적인 개념은 고약한 데가 있다. 논리적으로 존재를 부정하기가 어렵기 때문이다. 뭐가 됐든 그것이 존재하지 않는다는 사실을 증명하는 일은 논리적으로 불가능하다. 덕분에 부재不在의 증명은 '악마의 증명'이라고 불린다. 따라서 아무리 과학이 발달해도 '존재를 부정할 수 없는' 탓에 신도 영혼도 사람들의 마음속에 언제까지고 살아 숨 쉰다. 결국 신과 영혼의 존재를 둘러싼 논쟁은 "견해의 차이일 뿐이다" 같은 허무맹랑한 말로 귀결되고 만다.

자아는 철학이나 심리학에서만 중요한 개념이 아니다. 위에서 언급한 종교에서도 중요하다. 간단히 말해 어떤 자아를 가져야 하는가 하는 물음에 답을 내는 것이 종교다. 기독교에서는 스스로 반성하고 신 앞에 죄를 털어놓음으로써 '참회'하고 더 나은 자아로 거듭난다. 불교에서는 명상과 자기 초월이 깨달음을 얻는 데 핵심적인 부분을 차지하며 '무無'와 '무아無我'의 경지에서 깨달음에 이른다. 이처럼 철학, 심리학은 물론 종교에서도 자아의식과 자아는 오랜 시간 동안 중요한 축을 담당했고 지금도 그렇다. 그리고 이러한 토대 위에 인간에게만 있는 초자연적인 존재, 신과 영혼이 만들어졌다.

인간중심주의를 뒤엎다

데카르트의 사상을 필두로 한 기존의 생각들을 (조금 과장을 보태 말하자면) 뒤집어엎는 사건이 일어난다. 바로 침팬지가 거울에 비친 자기 모습을 인식한다는 사실, 즉 침팬지의 거울 자기 인식을 증명한 고든 갤럽 교수의 실험이다(Gallup 1970).

데카르트는 인간만이 자아의식을 통해 자신의 존재를 인식하고 객관적으로 이해할 수 있다고 생각했다. 만약 데카르트의 생각이 타당하고 거울에 비친 모습을 인식하는 데 자아의식이 필요하다면 동물은 거울 자기 인식을 할 수 없어야 한다.

하지만 갤럽 교수의 연구는 동물이 자기 인식을 한다는 사실, 다시 말해 자아의식을 지닌다는 사실을 가리킨다. 그런 의미에서 이 연구는 무척 기념비적이며 의의가 크다. 다만 동물 중에서도 침팬지는 인간과 가장 가까운 대형 유인원이다. 같은 사람과科에 속하는 동물이기에 침팬지 거울 자기 인식 실험 결과는 인간중심주의적 관점에서도 비교적 쉽게 받아들여졌다.

하지만 21세기에 들어 돌고래, 코끼리에 더해 까치도 거울에 비친 모습을 인식할 수 있다는 사실이 밝혀졌다. 일이 이렇게 되면 아무래도 침팬지 실험과 동일 선상에 놓고 보기는 어렵다. 꽤 많은 동물이 자아의식을 지닌다는 뜻이기 때문이다. 그래도 다들 뇌가 크고 영리한 동물들이다. 여기까지는 어떻게든 참을 만할지도 모른다.

그리고 마침내 물고기도 거울 자기 인식을 할 수 있다는 사실이 우리 연구실의 실험에서 확인되었다. 만약 자기 인식 능력이 자아의식에 기반한다면 지금까지와는 이야기가 완전히 달라진다. 왜냐하면 물고기는 척추동물 중에서도 가장 원시적인 동물이라 여겨져왔기 때문이다. 서양철학, 심리학, 종교는 자아의식이나 영혼과 같은 개념이 인간의 전유물이고 동물에게는 해당하지 않는다는 전제 아래 성립되었다. 물고기의 거울 자기 인식을 인정하는 일은 척추동물 전체의 자아의식을 인정하는 일과 같고 이 말인즉 모든 척추동물에게 영혼이 있을지도 모른다는 뜻이다.

물고기의 거울 자기 인식은 기존의 서양철학이나 종교처럼 이른바 인간중심주의를 전제로 성립된 모든 것을 뒤집어엎을지도 모른다. 아마 여러 의미에서 매우 받아들이기 어려운 이야기이리라.

2. 동물 거울 자기 인식 연구의 역사

관찰에서 실험으로

거울에 비친 자기 모습을 알아보는지 확인하는 일은 해당 개체가 자기 인식을 할 수 있는지를 알아보는 주요 방법 중 하나다.

거울에 비친 모습이 자신임을 아는 것을 거울 자기 인식이라고 한다. 거울 자기 인식 능력의 검증 대상이 인간일 때는 그저 묻고 답하면 그만이다. 하지만 동물이 대상이라면 불가능한 이야기다. 동물이 거울에 비친 모습을 인식했는지 확인하려면 행동이나 반응, 때로는 표정까지도 면밀하게 관찰해 '행동으로 대답하도록' 실험을 잘 설계하는 수밖에 없다. 실험 개체에 감정을 이입해서 '분명히 이렇게 느낄 거야, 확실히 저렇게 생각하고 있군' 하고 결론 내려봐야 설득력도 없고 과학적이지도 않다. 동물 인지 연구라도 제대로 된 대조 실험을 실시해 의문의 여지를 남기지 않아야 한다.

예부터 동물의 거울 자기 인식을 관찰한 사례는 왕왕 있었다. 찰스 다윈도 기록을 남긴 바 있다. 동물원에서 사육하는 오랑우탄에게 거울을 보여주고 반응을 관찰했다는 대목에서는 '역시!' 하고 무릎을 치게 된다. 심지어 본인의 자녀에게도 거울을 보여주며 인간이 어떻게 자기 인식을 하는지도 고찰했다. 그러나 관찰 기록만 있을 뿐 실험 기록은 없다. 물론 동물의 반응을 꼼꼼히 관찰하기만 해도 거울을 인식한다는 사실을 대강은 추측할 수 있다. 하지만 동물이 말을 하지 않는 이상 의인화한 해석은 가능할지 몰라도 객관적인 평가는 어렵다. 동물의 거울 자기 인식과 관련해 처음으로 설득력 있는 실험을 하고 객관적인 증거를 제시한 인물이 바로 고든 갤럽 교수다. 책에서도 왕왕 등장할 예정이다. 위에서도 밝혔듯 이 획기적인 실험을 수행한 해는 1970년, 실험 대상은 침팬지였다.

침팬지에게 거울을 보여주자 처음에는 마치 낯선 침팬지라도 마주친 듯 공격적인 행동을 보였다. 거울 안에 다른 개체가 있다고 착각한 것이다. 그러나 시간이 흐르자 평소에는 하지 않던 부자연스러운 행동, 가령 거울을 향해 팔을 흔들거나 이리저리 몸을 움직이는 행동을 했다. 이와 동시에, 혹은 시간이 좀더 지나면 거울 앞에서 입을 벌리고 안을 살피기도 하고 사타구니처럼 거울 없이는 볼 수 없는 부위를 관찰하기도 한다. 갤럽 교수는 이때 침팬지가 일부러 부자연스러운 행동을 취해 거울에 비친 모습과 자신의 수반성(동조성)을 확인함으로써 거울상을 자신으로 인식한다고 확신한 듯하다. 하지만 관찰 결과만으로는 "관찰한 사람의 생각일 뿐이지 않나"라는 질문에 반론할 수도 없고 설득력도 약했다.

마크 테스트의 탄생

갤럽 교수는 동물이 거울에 비친 자기 모습을 인식한다는 사실을 어떻게 증명하면 좋을지 고민했다. 당시 사람들은 동물에게 자아의식이 없다고 생각했지만 근거가 있거나 검증된 생각이었다기보다는 신념에 가까웠다. 동물은 자아를 이해하지 못한다고 데카르트 이후 별다른 의심 없이 믿어온 것뿐이었다. 물론 인간은 신을 본떠 만들어졌고 모든 생물 중 인간이 가장 숭고한 존재라는 기독교의 가치관도 한몫했다.

데카르트 시대에도 거울은 있었으니 동물이 거울 속 모습을 인식하는지 확인하는 실험 방법을 고안할 수는 있었을 것이다. 그러나 동물 행동 연구가 아직 자리 잡지 않았던 당시에는 시도되지도 않았고 될 수도 없었다. 갤럽 교수가 고안해낸 방법은 "이 정도는 누구라도 생각할 수 있겠는데?"라는 말이 절로 나올 만큼 간단하다.

머릿속에 침팬지를 떠올리면서 실험 방법을 살펴보자. 중요한 내용이므로 자세히 설명하겠다. 우선 침팬지가 거울 자기 인식을 했다고 여겨질 때까지 오랜 시간 거울을 보여준다. 다음으로 침팬지가 눈으로 직접 보지 못하는 이마에 몰래 마크를 표시한다. 이때 침팬지는 자신의 이마를 볼 수 없기 때문에 마크 역시 보지 못한다. 마크에는 냄새도 자극도 없으므로 거울을 보지 않는 이상 이마의 그것을 눈치챌 수 없다. 표시를 끝낸 뒤 침팬지가 이마 위 마크를 눈치채지 못했음을 확인한다. 이제 침팬지에게 거울을 한 번 더 보여준다. 만약 침팬지가 거울을 보고 시행착오 없이 이마 위 마크를 만진다면 자기 이마에 처음 보는 낯선 무언가가 묻어 있다고 인지했음을 뜻한다. 다시 말해, 거울 속 모습을 자기 자신이라고 인식했다는 사실이 증명되는 것이다.

얼핏 단순해 보이는 이 행동은 거울에 비친 자기 모습을 인식해야만 할 수 있는 행동이자 자기 인식의 증거다. 마크가 거울 속에 있는 다른 개체의 이마에 표시되어 있다고 인식했다면 자신의 이마가 아닌 거울을 만지려고 할 것이다. 망설임 없이 자기 이마를 만지는 행위는 거울 속 모습을 자신이라고 인식한다는, 다시 말해 거울 자기 인식을 한다는 증거다.

갤럽 교수는 아직 어리고 거울을 접해본 적 없는 침팬지 4마리를 대상으로 거울 자기 인식 실험을 진행했다. 4마리 모두 처음에는 거울 속에 있는 침팬지를 향해 큰 소리를 내며 공격적인 태도를 보였다. 하지만 이윽고 그 모습이 자신이라는 걸 깨달았는지 거울을 들여다보면서 찬찬히 관찰하기 시작했다. 거울을 보여준 지 열흘, 마침내 본격적인 실험에 들어갔다. 갤럽 교수는 침팬지들을 마취하고 이마에 빨간 마크를 표시했다. 마취에서 깨어난 직후 침팬지들에게서 이마의 마크를 눈치챈 기색은 보이지 않았고 손으로 만지지도 않았다. 이제 최종 단계다. 침팬지들에게 거울을 보여주었다. 침팬지들은 이미 거울의 정체를 알고 있기 때문에 거울을 보더라도 소란을 피우지 않았다. 거울을 들여다본 4마리 침팬지는 모두 자기 이마에 표시된 마크를 만졌다. 동물이 자신을 인식할 수 있다는 사실을 분명하게 보여주는 역사적인 순간이었다. 이 실험은 빨간 마크를 사용했기 때문에 '마크 테스트' 또는 '루주 테스트'라고 불린다.

침팬지들은 마크를 만졌던 손가락 끝을 가만히 살피더니 코로 가져가서는 냄새도 맡았다. 이마에 묻어 있던 빨간색 물질이 무엇인지 확인한 것이다. 갤럽 교수의 실험 결과는 침팬지가 거울에 비친 자기 모습을 분명히 인식하고 있다는 사실을 명확하게 보여준다.

침팬지 실험 성공의 의미

1970년, 갤럽 교수의 실험 결과는 세계 최고 권위를 자랑하는 자연과학 분야 학술지 『사이언스』에 3페이지짜리 논문으로 게재되었다. 갤럽 교수는 거울에 비친 모습을 인식하려면 자기 모습을 이미지화해 지속적으로 기억하고 있어야 한다고 주장했다. 갤럽 교수의 주장에 따르면 실험 초기, 침팬지가 거울에 비친 자기 모습을 낯선 개체라고 여겼던 이유는 자신의 모습이 이미지화되어 있지 않은 상태였기 때문이다. 그러나 마크 테스트에 합격할 무렵에는 이미지화된 자기 모습을 기억하고 있었으므로 거울에 비친 모습과 머릿속 이미지를 비교해 거울상을 자신이라고 인식함과 동시에 이마에 빨간색 마크가 묻어 있다는 사실을 알아챌 수 있었다.

갤럽 교수 본인도 썼듯이 이 연구는 인간의 근연종 동물에게 자아 개념이 존재한다는 사실을 처음으로 실증해 보였다. 침팬지와 인간의 내면은 우리 생각보다 훨씬 더 비슷했다. 이후 침팬지의 언어 능력을 비롯한 다양한 인지 능력이 밝혀지긴 했지만 갤럽 교수의 발견은 당시에는 획기적이었다. 인간이 아닌 동물에게도 자아를 인식하고 반추하는 능력이 있을 수 있다는 가능성을 제시했기 때문이다.

자기 인식은 대형 유인원만 가능하다?

대형 유인원 중 침팬지는 인간과 가장 가까운 동물이다. 인간과 침팬지가 공통 조상에서 분리된 시점은 약 700만 년 전이다. 그렇다면 다른 영장류는 어떨까? 갤럽 교수는 히말라야원숭이를 포함한 다른 영장류 동물들의 실험 결과도 같은 논문에 실었다. 히말라야원숭이와 일본원숭이는 약 2500만 년 전에 사람과와 분리된 긴꼬리원숭잇과 동물이다. 갤럽 교수는 이 원숭이들에게 거울을 보여주고 한참을 기다렸지만 거울에 비친 모습을 인식한 듯한 행동이 나타나지 않았다. 결국 갤럽 교수는 히말라야원숭이류에게는 거울 자기 인식 능력이 없다는 결론을 내렸다. 바꿔 말해 자기 인식 능력이나 자아 개념 같은 고도의 인지 능력은 유인원 단계에 들어 획득된 능력이라고 추측했다.

갤럽 교수 이후 다양한 영장류를 대상으로 마크 테스트가 실시된 것은 두말할 나위가 없다. 유인원 중에서는 오랑우탄과 함께 침팬지의 친척인 보노보에게서 거울 자기 인식 능력이 확인되었다. 그러나 계통적으로는 오랑우탄보다 인간과 더 가까운 고릴라에게서는 거울 자기 인식 능력이 좀처럼 확인되지 않았다. 따라서 고릴라가 거울 자기 인식을 하지 못하는 이유를 설명하려는 가설이 수없이 등장했고 열띤 논의가 오갔다.

고릴라에게서 거울 자기 인식 능력이 관찰되지 않은 원인은 아무래도 고릴라의 사회적 습성에 있는 듯하다. 고릴라는 상대방의 얼굴을 응시하는 일이 없다. 거울에 비친 자기 얼굴 역시 자세히 보지 않으므로 자기 인식이 어렵다. 새끼 때부터 인간과 함께 생활하며 수화로 커뮤니케이션을 나누었던 암컷 고릴라 코코가 고릴라 중 처음으로 거울 자기 인식 능력을 보여준 것은 우연이 아니다. 코코가 고릴라의 '관습'과 거리가 있었기 때문에 가능한 일이었다. 코코 이후 다른 고릴라를 대상으로 한 실험도 성공하면서 고릴라에게서도 거울 자기 인식 능력이 확인되었다. 현재는 인간을 포함한 대형 유인원은 모두 거울 자기 인식을 할 수 있다고 본다. 그럼 그보다 앞선 조상들은 어떨까?

계통적으로 대형 유인원은 소형 유인원인 긴팔원숭이류와 공통 조상을 갖는다. 현재 긴팔원숭이류가 거울 자기 인식을 할 수 있다는 주장과 할 수 없다는 주장이 서로 팽팽히 맞서고 있다. 그러나 마크 테스트에 합격하지 못했다는 사실이 반드시 거울 자기 인식 능력이 없음을 의미하지는 않는다는 점은 기억할 필요가 있다. 나는 긴팔원숭이가 마크 테스트에 합격하지 못한 원인이 실험 방법에 있으리라고 본다.

갤럽 교수의 논문 이래 원숭이류 대부분은 거울 자기 인식 능력이 없다고 여겨지고 있다. 이때 원숭이류에는 구세계*의 긴꼬리원숭이아과와 콜로부스아과, 남미의 거미원숭잇과와 꼬리감는원숭잇과, 소형 원숭이인 마모셋원숭잇과 등이 포함된다. 현재까지 마크 테스트에 합격한 종은 없지만 이들에게 거울 자

---

* 구대륙. 아시아, 아프리카, 유럽 3개 대륙을 의미한다.

기 인식 능력이 있다고 보는 연구도 적지 않다. 다만 재현 실험에는 어려움이 있다.

영장류 중 대형 유인원에게는 거울 자기 인식 능력이 있고 소형 유인원 중에는 있는 종도 있고 없는 종도 있으며 기타 원숭이류에게는 없다는 것이 현재 영장류학자 대다수의 견해다. 따라서 세계의 여러 인류학자와 영장류학자는 인간의 자기 인식 능력이 대형 유인원 대에서 진화했다고 본다.

지금껏 살펴본 내용에서는 자기 인식 능력이 확인된 동물이라고 해봐야 인간과 가까운 유인원뿐이었다. 그러나 2001년 이후, 영장류 외 동물에게도 거울 자기 인식 능력이 있음을 검증한 사례가 나오기 시작했다.

3. 영장류 외 동물의 거울 실험

큰돌고래와 아시아코끼리의 거울 실험

영장류 외 동물 중에서 두뇌가 크고 영리한 동물의 대표를 꼽으라면 단연 돌고래와 코끼리다. 뛰어난 지능을 가졌을 뿐 아니라 나이가 많은 개체를 중심으로 한 사회 안에서 끈끈한 애정을 바탕으로 서로 돕고 배려하며 살아가는 것으로도 잘 알려진 동물들이다.

처음으로 거울 자기 인식 능력이 확인된 영장류 외 동물은 큰돌고래다. 돌고래의 해당 능력을 보고한 논문은 여러 건 있지만 그중에서도 커다란 수조에서 실험을 진행한 로리 마리노 연구팀의 연구가 가장 유명하다. 돌고래는 팔다리와 손가락이 없어 마크를 직접 만지지는 못한다. 게다가 동물원에 사는 개체였던 탓에 마취도 어려웠다. 마리노 교수와 연구진은 거대한 수조를 활용해 다음과 같이 실험을 진행했다.

돌고래를 수조 옆 지상으로 들어 올린 다음 돌고래 자신의 시선으로는 볼 수 없는 머리, 목, 등, 복부에 마크를 표시한다. 이때 돌고래는 마크를 직접 볼 수는 없지만 사람들이 무언가를 칠했다는 사실은 촉감을 통해 알 수 있다. 실험용 거울은 마크를 표시한 장소에서 30미터 정도 떨어진 수조 벽에 붙어 있고 돌고래는 거울의 위치를 잘 알고 있다. 마크 표시가 끝난 뒤 돌고래가 마크를 확인하는 데 거울을 어떻게 활용하는지, 거울 앞에서 어떤 행동을 취하는지를 자세히 관찰했다.

거울 앞에서 돌고래는 마크가 보일 법한 자세를 취한 채 한동안 거울의 상을 바라보았다(그림 3-1 ①). 대조 실험으로 색깔 있는 마크 대신 물을 칠하자 이때도 무언가가 묻었다고 생각하고 곧장 거울 앞으로 헤엄쳐갔다. 그러나 아무런 흔적이 없음을 확인하고는 이내 거울 앞을 떠났다. 덧붙여 돌고래를 수조 옆 지상으로 올린 다음 아무런 표시를 하지 않는 대조 실험도 실시했다. 그러자 돌고래는 거울을 보러 가지 않았다. 아무것도 묻지 않았다는 사실을 알기 때문이었다.

이 실험 결과만으로는 돌고래가 마크 테스트에 합격했다고 보기 어렵다는 비판의 목소리도 있다. 거울을 보면서 자기 몸에 표시된 마크를 건드리는 행동을 하지 않았기 때문이다. 그러나 마크를 보기 위해 돌고래는 일부러 부위별로 독특한 자세를 취했다. 마크 대신 물을 묻혔을 때는 잠깐 거울을 보더니 마크가 눈에 띄지 않자 바로 거울 앞을 떠났다. 이와 같은 행동은 자기 몸 어느 곳에 마크가 표시되어 있는지를 알고 있다는 사실을 가리킨다. 다시 말해 자기 몸 자체를 인식하고 있는 것이다. 돌고래에게 거울 자기 인식 능력이 있다는 견해는 대체로 받아들여지는 추세다.

아시아코끼리 실험은 미국 뉴욕의 브롱크스 동물원에 사는 코끼리 3마리를 대상으로 진행했다. 이전에도 간단하게나마 코끼리에게 거울을 보여주는 실험은 있었지만 순탄하게 진행되지는 않았다. 코끼리가 거울에 관심을 보이지 않았기 때문이다. 가장 큰 원인은 코끼리의 거대한 덩치에 비해 거울이 작아 몸의 일부밖에 보이지 않았다는 점이었다. 따라서 이번 실험에서는 가로세로 각각 2.5미터에 달하는 거울이 방사장의 넓은 벽에 설치되었다.

코끼리를 마취하는 일은 코끼리의 생명을 위협할 수 있는 만큼 실험 방법에서 배제되었다. 대신 연구자들은 이마 양쪽에 마크를 표시하는 방식을 택했다. 한쪽은 흰색 마크, 다른 한쪽은 금방 증발해 사라지는 물이었다. 코끼리는 어느 쪽이 흰색 마크

그림 3-1 마크 테스트에 합격한 동물들

①큰돌고래: a 이마 위 마크를 보고 있다. b 배에 표시된 마크를 보고 있다. (Reiss and Marino 2001)
②아시아코끼리: A 이마에 마크가 표시되어 있다. B 코로 마크를 문지르고 있다. (Plotnik et al. 2006)
③까치: A 부리로 목에 붙은 빨간색 스티커를 떼어내려 하고 있다. B 발로 빨간색 스티커를 떼어내려 하고 있다. (Prior et al. 2008)

①

②

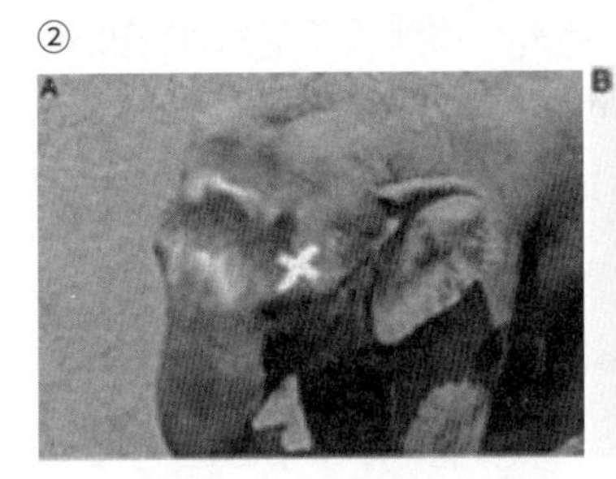

③

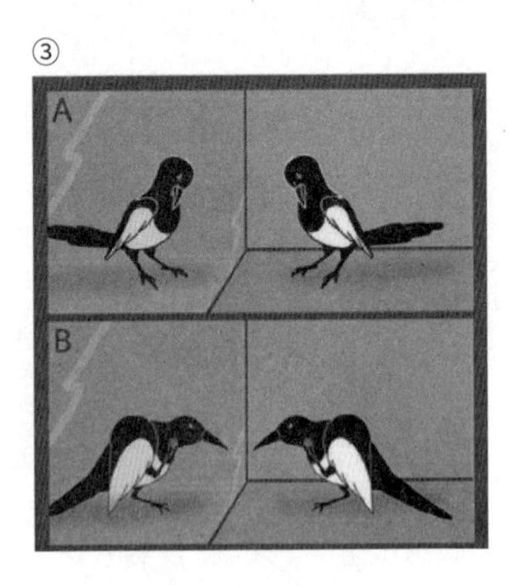

인지 알지 못한다. 따라서 만약 거울을 보고 흰색 마크에만 코를 댄다면 그 이유는 물과 마크를 표시할 때 느꼈던 촉감이 아니라 시각으로 마크를 알아챘기 때문일 것이다.

결과는 어땠을까. 실험 개체 3마리 모두 거울을 보기 전에는 이마 위 마크에 코를 대지 않았다. 그리고 해피라는 암컷 코끼리는 거울을 본 뒤 이마의 흰색 마크만을 몇 번이고 문질렀다(그림 3-1 ②). 해피는 마크 테스트에 합격했다. 즉, 거울 자기 인식 능력이 있다고 확인되었다.

아시아코끼리 실험에 참여했던 침팬지 연구의 권위자 프란스 드 발 교수는 코끼리의 거울 자기 인식 능력이 인간이나 유인원의 거울 자기 인식 능력과는 독립적으로 진화했다고 보았다. 코끼리, 돌고래, 유인원·인간이 각자의 사회에서 진화해나가면서 자기 인식 능력을 따로따로 발달시켜왔다는 뜻이다. 이 의견에 나는 전혀 동의하지 않는다.

어쨌든 이전까지만 해도 포유류 중 거울 자기 인식 능력이 있는 동물은 뇌가 크고 영리한 유인원과 돌고래류뿐이라고 여겨졌지만 이 실험을 통해 코끼리도 그 명단에 이름을 올리게 되었다. 자기 인식 능력이 있는 동물 계통의 폭이 유인원으로부터 멀리 떨어진 두 동물에게까지 확대된 것이다.

마침내 새도 성공했다

2008년, 까마귓과에 속하는 까치의 마크 테스트 합격을 다룬 논문이 발표되었다. 실험 개체 5마리 중 2마리가 합격했다(그림 3-1 ③). 까치 실험에서는 까치가 자기 눈으로 직접 보지 못하는 목에 작은 컬러 스티커(빨간색, 노란색, 검은색)를 붙였다. 목이라면 스티커를 떼기 위해 부리로 치거나 발로 긁을 수 있기 때문이다. 다른 동물들처럼 이마에 마크를 표시하면 부리로 칠 수도 없고 발도 닿지 않으므로 마크를 인식했다고 하더라도 행동으로 이어지기 어려워 실험이 제대로 진행되지 않는다. 까치의 특성에 맞추어 실험을 다시 설계한 것이다.

실험 결과, 2마리가 거울을 보고는 부리와 발을 사용해 빨간색 스티커와 노란색 스티커를 떼어내려 했다. 검은색 스티커는 몸의 색깔과 비슷해 알아채지 못한 듯 떼려고 하지 않았다. 빨간색 스티커와 노란색 스티커라도 거울이 없을 때는 마크가 보이지 않아 떼려고 하지 않았다. 곧, 2마리는 합격이다. 까마귀는 새 중에서 가장 똑똑하다고 알려져 있고 뇌 크기도 두드러지게 크다. 이 논문이 발표되었을 때 혹자는 자기 인식 능력이 3억 년 전까지 거슬러올라갔다고도 했다. 포유류와 공룡(그리고 새)의 조상이 분리된 시점이 그 무렵이기 때문이다. 혹은 앞의 코끼리 실험 때와 마찬가지로 까치와 유인원의 자기 인식 능력이 독립적으로 진화했다고 보는 견해도 있었다. 어찌 됐든 이 실험이 기억력이 나쁘다며 어리석은 동물로 치부되던 새의 지성이 재

평가되는 계기가 되었다는 사실만큼은 틀림없었다.

고든 갤럽 교수의 주장

침팬지 거울 실험을 한 갤럽 교수 연구팀은 현재(2021년)까지도 거울 자기 인식 능력이 있는 동물은 대형 유인원뿐이라는 견해를 고수하고 있다. 갤럽 교수는 돌고래, 코끼리, 까치의 실험 개체 수가 적다는 점을 지적한다. 돌고래는 2마리, 아시아코끼리는 3마리 중 1마리, 까치는 5마리 중 2마리가 마크 테스트에 합격했는데 이 숫자로는 재현성이 없다는 것이다. 대조적으로 침팬지는 이미 100마리 이상의 개체를 대상으로 실험했고 그중 약 40퍼센트가 마크 테스트에 합격했다.

게다가 까치 실험에서 스티커를 사용했다는 사실에 문제를 제기한 논문과 더불어 같은 방법으로 까치 8마리를 실험했지만 1마리도 합격하지 못했다는 논문이 최근 발표된 바 있다. 갤럽 교수는 이들 논문을 인용했다. 지능이 높다고 알려진 앵무과의 새들은 물론이고, 까마귀 중에서도 고도의 도구 사용 능력으로 유명한 누벨칼레도니까마귀도 마크 테스트에 합격하지 못했다. 갤럽 교수는 2021년 논문에 새에게는 거울 자기 인식 능력이 없다고 썼다.

사실 지금까지 언급한 동물들 외에도 다양한 동물이 마크 테스트를 받았다. 하지만 대부분은 합격하지 못했다. 무수히 많은 연구 사례 중에서 실패 사례는 애초에 논문은커녕 학회 발표조차 되지 못하는 일이 다반사이므로 정확한 숫자를 알기도 어렵다.

우리에게 친숙한 개와 고양이도 마크 테스트를 받았다. 처음에 개와 고양이는 거울에 비친 모습을 낯선 개체라고 여긴 듯 공격적인 자세를 취한다. 이어 거울 뒤를 살피기도 한다. 몇 번 더 거울을 보여주면 점차 익숙해진 듯한 모습을 보인다. 그러나 다음 단계로는 진행하지 못한다. 마크를 신경 쓰지 않기 때문이다. 돼지도 현재 기준으로는 거울 자기 인식 검증에 성공하지 못했다.

그러나 이 동물들도 거울의 속성은 이해한다. 거울을 사용해야만 볼 수 있는 곳에 먹이를 숨겨두면 거울로 먹이가 있는 곳을 정확하게 찾아낸다. 실험을 수행했던 대부분의 원숭이류, 개, 고양이, 돼지는 물론 앵무새도 마찬가지였다. 거울이 무엇인지는 알지만 마크 테스트에는 합격하지 못한 셈이다. 이유가 무엇일까. 거울의 원리는 알아도 자기 인식은 못 한다는 말인가.

한편 침팬지라고 해도 모든 개체가 마크 테스트에 성공하는 것은 아니며 전체적인 합격률은 낮다. 동일한 개체라도 어떤 해는 합격하고 다른 해에는 합격하지 못한다. 이유는 아직 밝혀지지 않았다.

물고기의 거울 자기 인식

나는 이 책에서 물고기도 자기 인식을 할 수 있다는 사실을 서술하고자 한다. 다만 실험 결과를 근거로 물고기가 인간과 똑같은 자아의식을 지닌다고 주장하려는 것은 아니다. 물고기에게 자아의식이 있다 한들 여태껏 자아의식이 무엇인지 연구된 바가 없으니 누구도 알 수 없다.

지금까지 훑어봤듯이 현재 거울 자기 인식을 할 수 있는 동물은 유인원, 아시아코끼리, 큰돌고래, 까치 정도다. 물고기에게 거울 자기 인식 능력이 있다면 물고기의 자손인 양서류, 파충류, 조류, 포유류에 속하는 수많은 종에게도 잠재적인 능력이 있을지도 모른다. 그런 의미에서 상당히 과격한 주장이다.

그러나 앞으로 읽어 내려가다 보면 알게 되겠지만 물고기가 거울 자기 인식을 한다고밖에는 볼 수 없는 결과가 이미 몇 가지나 나와 있다. 만약 이 주장이 사실이라면 지금까지의 동물관이나 인간관에도 영향을 미칠 테고 인간만이 똑똑한 동물이라고 여겼던 기존의 상식에 커다란 의문을 제기하는 셈이 된다.

제4장

물고기 최초로 성공한 거울 자기 인식 실험

여기서부터 책의 핵심 내용, 즉 물고기의 거울 자기 인식 능력을 다룬다. 이번 장에서는 내 연구 수행 과정을 시간 순서대로 소개한다. 연구를 시작한 계기, 시행착오, 실험을 제대로 수행하기 위한 궁리도 세세하게 담았다. 연구를 추체험하는 동안 내용의 이해와 더불어 가설을 세우고 검증해가는 과정의 즐거움도 함께 만끽해보면 좋겠다.

1. 물고기에게 거울을 보여주었다

기존의 물고기 거울 자기 인식 연구

꽤 오래전부터 연구자들은 키우는 물고기에게 시험 삼아 거울을 보여주거나 거울 인식 연구를 시도했다. 아마 기록으로 남은 최초의 물고기 거울 실험은 제1장에 등장한 틴베르헌 교수가 큰가시고기를 대상으로 수행한 하루짜리 실험이리라. 저녁이 되도록 거울상을 공격하는 큰가시고기를 보고 틴베르헌 교수는 "큰가시고기는 거울에 나타난 물고기를 적이라고 여길 뿐 자기 모습이라고는 생각지 못하는 듯하다"라고 기술했다.

이후에도 물고기의 거울 자기 인식을 연구한 논문이 5편 정도 발표되었지만 모두 하루 만에 실험을 접으며 물고기에게는 거울 자기 인식 능력이 없다는 결론을 내렸다.

고로 내가 청줄청소놀래기를 대상으로 실험을 시작하려던 당시에는 물고기에게 거울 자기 인식 능력이 없다는 생각이 상식처럼 받아들여지고 있었다. 내가 관찰한 청줄청소놀래기도 첫날은 물론 이튿날에도 거울에 비친 자기 모습을 공격했다. 만약 첫날이나 이튿날에 관찰을 멈추었다면 다른 물고기와 마찬가지로 청줄청소놀래기 역시 거울 자기 인식을 하지 못한다고 결론 내렸을 테고 아마 논문도 쓰지 않았을 것이다.

그러나 지금까지 거울 자기 인식 실험에 성공한 침팬지와 까치도 처음에는 일정 기간 자신의 거울상을 공격했다. 거울에 비친 자기 모습을 공격하는 행동은 자기 인식을 위해 거쳐야 하는 과정일지도 모른다. 실제로 침팬지 실험에서는 열흘이나 거울을 보여주었다. 아무래도 거울 자기 인식 능력을 확인하려면 오랜 시간 끈기 있게 거울을 보여줄 필요가 있는 듯하다.

장난삼아 시작한 실험

우리는 야외 조사를 통해 탕가니카 호수 속 다양한 시클리과 물고기의 번식 생태와 사회구조를 연구해왔다. 트란스크립투스도 오랜 기간에 걸쳐 관찰한 물고기 중 하나다(그림 4-1). 당시 대학원생이었던 아와타 사토시(현 오사카공립대학 교수)가 트란스크립투스의 복잡한 사회구조를 처음으로 규명해 2005년에 학위 논문으로 정리했다. 이후 수조 실험을 통해 암컷이 수정시킬 수컷의 정자를 선택하는 현상이나 암수 성비가 사회구조에 미치는 영향 등을 함께 연구했다. 다시 말해 우리는 자연 상태의 트란스크립투스도, 수조 안에서의 트란스크립투스도 잘 알고 있었다.

우리 연구실은 약 10년 전부터 수조에서 기른 물고기를 대상으로 인지 능력을 연구해왔다. 물론 트란스크립투스를 대상으로도 여러 연구를 수행했다. 그중 하나가 이행 추론 검증 실험이다. 이행 추론이란 간단히 말하면 'A〉B이고 B〉C이면 A〉C이다'라는 기본 논리를 도출해내는 사고 능력이다. 몇 건의 실험을 통해 유인원에게서는 이행 추론 능력이 확인되었지만 다른 척추동물 중에서는 물고기는 고사하고 새에게서도 오래도록 실증 사례가 없었다. 그러다 2004년, 미국에 서식하는 청색어치를 대상으로 수행한 실증 연구가 저명한 과학 학술지 『네이처』에 실렸다. 우리 연구실에서는 당시 대학원생이었던 호쓰타 다카시가 박사 논문으로 탕가니카 호수의 시클리과 물고기인 트란스크립투스를 대상으로 이행 추론 능력을 검증했다. 호쓰타의 논문은 2015년에 발표되었다. 물고기도 이 정도는 할 줄 안다.

당시 실험실에서는 꽤 많은 수조에서 트란스크립투스를 기르고 있었다. 하루는 실험을 마친 트란스크립투스가 자유롭게 유영하고 있는 대형 수조 안에 장난삼아 대략 가로세로 15센티미터 크기의 거울을 설치해보았다. 그저 한번 해본 일이었기 때

그림 4-1 트란스크립투스의 전신사진

문에 특별히 기록은 하지 않았다.

처음에 트란스크립투스는 거울에 비친 자기 모습에 달려들며 끊임없이 공격했다. 분명 자신의 거울상을 생전 처음 보는 낯선 개체로 여기는 듯했다. 다음 날에도 공격은 이어졌다. 거울 앞을 벗어나 거울상이 보이지 않으면 공격을 멈추었다가도 거울 앞으로 돌아오면 다시 공격을 개시했다. 이때는 '역시 물고기는 거울 속 자기 모습을 다른 물고기라고 인식하는 모양이군' 하고 생각하면서도 거울을 치우지는 않았다.

여기까지의 결과는 물고기를 대상으로 수행했던 다른 연구들과 다를 바가 없다. 그러나 닷새 정도가 지나자 트란스크립투스는 거울 속 물고기를 신경 쓰지 않기 시작했고 거울 앞에 와도 공격 행동을 보이지 않았다. 거울에 대한 인식에 무언가 변화가 생긴 모양이었다. 단순히 거울에 익숙해졌을까. 아니면 자신과 같은 행동밖에 할 줄 모르는 '상대방'이 한심해졌을까. 아니면 혹시 거울 속 모습이 자신이라는 사실을 알게 됐을까. 그 뒤로도 거울을 수조에 그대로 넣어뒀고 트란스크립투스도 거울을 무시하고 있는 듯 보였다.

이 무렵 제3장에서 소개한 갤럽 교수의 침팬지 거울 실험 논문을 읽었다. 동물의 거울 자기 인식 능력을 처음으로 검증한 고전적인 논문 말이다. 논문에 따르면 침팬지도 첫날과 이튿날에는 거울에 비친 자기 모습을 낯선 개체로 여긴 듯 공격하거나 큰 소리로 위협하는 행동을 보였다. 개체에 따라 차이는 있었지만 이튿날이나 사흗날쯤 되면 거울을 공격하지 않았다. 이와 동시에 평소에는 하지 않는 부자연스러운 행동들, 그러니까 거울 앞에서 팔이나 몸을 흔들거나 이상한 표정을 짓거나 거울에서 멀어졌다 다가오기를 반복하는 모습을 보였다. 갤럽 교수는 침팬지가 거울 앞에서 이상한 행동을 하는 사이에 거울 속 모습이 자신이라는 사실을 점차 인식해간다고 보았다. 이 시점이 지나면 침팬지도 거울상을 무시하기 시작했다.

트란스크립투스도 처음에는 거울에 비친 모습을 격렬하게 공격했지만 4~5일 후에는 무시했다. 일주일이 지나자 공격은 커녕 상대조차 하지 않았다. 트란스크립투스가 거울상을 어떻게 생각하는지는 몰라도 거울을 향한 반응과 시간에 따른 변화 양상은 침팬지와 비슷해 보였다.

갤럽 교수의 논문에서는 침팬지에게 '마크 테스트'를 수행했다. 중요한 부분이니 한 번 더 복습해보자. 거울 속 자기 모습을 인식했다고 여겨지는 단계에서 침팬지의 시선에서는 직접 볼 수 없는 이마에 몰래(마취해서) 마크를 표시한다. 침팬지가 이마 위 마크를 직접 보는 일은 불가능하지만 이마를 거울에 비춰보면 바로 알아챌 수 있다. 마취에서 깨어난 침팬지는 거울이 없는 상태에서는 이마의 마크를 눈치채지 못했고 만지지도 않았다. 그러나 거울을 보여주자 재빠르게 이마 위 마크를 문질렀다. 이 행동은 침팬지가 거울상을 자기 모습으로 인식한다는 증거였다. 침팬지가 거울상을 자신이라고 인식하지 않는다면 거울 속 모습을 보고 자기 이마의 빨간 마크를 만지는 행동은 취하지 않을 것이다. 거울상의 이마에 묻은 마크를 보고서 비로소 마크를 만졌다는 사실은 침팬지가 거울 속 모습을 자기 모습이라고 인식하고 있음을 말해준다.

논문을 읽고 트란스크립투스에게도 마크 테스트를 해보자고 마음먹었다. 물고기도 거울 속 모습을 자신이라고 생각한다면 침팬지와 똑같이 반응할 것이다. 그러면 물고기의 거울 자기 인식 능력이 증명된다. 물고기를 대상으로 한 최초의 거울 자기 인식 능력 검증이자 엄청난 사건이 될 터였다. 물고기는 침팬지만큼 영리한 동물은 아니지만, 그래도 일단 해보기로 했다.

물고기에게 마크를 해보다

막상 실험을 시작하자 넘어야 할 과제가 산더미였다. 물고기의 몸은 비늘로 덮여 있고 미끌미끌해서 표면에 마크를 표시하더라도 물속에서는 금방 지워져버린다. 묘수가 없을까 고민하다 떠올린 방법은 엘라스토머로, 살아 있는 물고기의 개체 표지를 위해 개발된 특수 색소다. 아주 가는 전용 주사기를 사용해 물고기 피하에 야트막하게 소량의 색소를 주입한다. 엘라스토머 개체 표지 방법은 어류의 행동이나 생태 연구용으로 세계 각지에서 널리 사용되고 있고 소량만 주입하면 돼서 물고기의 행동에 영향을 주지 않는다고 알려져 있다. 간단히 말해 문신인 셈인데 아무래도 주삿바늘이다 보니 새길 때 아플 수는 있지만 통증은 이내 사라진다. 갤럽 교수는 침팬지를 마취한 뒤 마크를 표시했다. 우리도 거울에 충분히 적응한 트란스크립투스가 한밤중에 자고 있는 틈을 타 몰래 건져올려 마취를 한 다음 무슨 색인지는 잊어버렸지만 어쨌든 색소를 몸 앞쪽에 주입하고 곧바로 수조에 풀어주었다.

다음 날 아침이 되었다. 수조를 들여다보니 트란스크립투스는 언제나처럼 쌩쌩하게 헤엄치고 있었다. 주사의 영향은 없어 보였다. 거울을 보면 트란스크립투스 눈에 마크가 보일 텐데……. 그러나 마크를 신경 쓰는 기색은 없었다. 어제와 마찬가지로 거울 속 모습에는 눈길조차 주지 않은 채 유영할 뿐이었다. 이대로라면 마크 테스트는 실패다. 왜 마크를 확인하려고 하지 않을까. 침팬지와 달리 팔다리가 없어서 마크를 만지지 못하는 상황인지도 모른다. 아니면 '내 몸에 이상한 게 묻어 있네'라고 알아차리기는 했지만 그다지 신경 쓰지 않는지도 모른다. 그것도 아니면 자기 몸에 마크가 표시되어 있다는 사실을 모를 수도 있다. 이래서는 아무것도 알 수 없다.

이제 와 생각해보니 이때가 물고기 거울 인식 연구의 커다란 분수령이었다. 비록 예비 실험이기는 했지만 결과는 "트란스크립투스는 거울 자기 인식 능력이 없다"였다. 그러나 나는 자꾸만 트란스크립투스가 거울 속 자신을 인식했다는 생각이 들었다.

2014년 당시에는 물고기에게 거울 자기 인식 능력 같은 고도의 인지 능력이 없다고 보는 게 일반적이었다. 동물을 연구하는 사람은 자신의 연구 대상을 호의적으로 바라보기 마련이다. 물고기를 연구하는 사람도 물고기가 영리하다고 여기는 경향이 있다. 하지만 아무리 그런 사람일지라도 물고기가 거울 자기 인식을 할 수 있으리라고는 생각하지 않았다. 그러나 나는 '트란스크립투스는 자기 몸에 표시된 마크를 알아챘지만 신경 쓰지 않고 있을 뿐이다'라고 생각했다. 왜일까. 트란스크립투스가 논리적 사고를 할 줄 알아서? 아니다. 콕 집어 말하기 힘들지만 거울 앞의 당당한 모습을 보고 있자니 그런 생각이 들었다. 이게 무슨 말인지 원…….

어쨌든 이제 우리는 트란스크립투스가 신경을 쓸 수밖에 없는 마크가 무엇일지 고민해야 했다. 이곳저곳을 뒤져봤지만 좀처럼 묘책은 나타나지 않았다. 실험 대상이 꼭 트란스크립투스여야만 하는 건 아니었다. 몸에 표시된 마크를 신경 쓸 다른 물고기는 없을까.

2. 청줄청소놀래기가 좋겠어!

다른 물고기의 기생충을 청소하는 물고기

나는 대학생 때부터 종종 산호가 군집한 오키나와 바다에 들어가 물고기를 관찰했다. 대학교 1학년이었던 18살에 난생처음 바다에 들어가 코앞을 헤엄치는 물고기를 봤으니 벌써 45년 넘게 물고기의 행동을 관찰하고 있는 것이다. 그런 내 머릿속에 실험 대상 후보로 당장 떠올랐던 물고기가 바로 산호초 등지에서 청소를 통해 다른 물고기와 공생하며 살아가는 청줄청소놀래기였다(그림 4-2, 책머리 그림 5). 청줄청소놀래기는 종 구분 없이 다른 물고기의 몸을 꼼꼼히 살펴 표면에 붙어 있는 작은 기생충을 떼어내 먹는다. 따라서 만약 기생충처럼 보이는 무언가가 자기 몸에 붙어 있음을 알아채면 민감하게 반응하리라 예상됐다. 게다가 청줄청소놀래기의 몸 자체에도 기생충이 많아 서로를 청소해주기도 한다. 그렇기에 자기 몸에 붙은 기생충(처럼 보이는 마크)을 발견했을 때 트란스크립투스처럼 무시하지는 않으리라. 좌우간 그는 내게도 익숙한 물고기였다.

청줄청소놀래기를 실험 대상으로 삼았을 때 좋은 점은 그 밖에도 또 있다. 이미 널리 알려져 있는 청줄청소놀래기의 높은 인지 능력이다. 거울 속 모습을 자기 모습으로 인식하려면 높은 인지 능력이 필요하다. 당시 청줄청소놀래기는 자기 통제(목적을

그림 4-2 쏨뱅이의 몸을 청소하는 청줄청소놀래기(야마다 다이치 촬영)

위해 참는 행동), 의도적인 속임수(상대를 속이기 위한 행동), 처벌('나쁜 행동'을 한 다른 개체를 벌주는 행동) 등 물고기면서도 영장류에 버금가는 영리한 행동을 한다는 사실이 밝혀진 상태였다. 따라서 청줄청소놀래기는 거울 자기 인식 실험에 안성맞춤이었다.

실험 대상으로서의 청줄청소놀래기의 장점을 하나 더 들자면 자연 상태에서 청줄청소놀래기의 사회생활을 연구한 자료가 풍부하다는 점이다. 오래된 자료로는 일본 주쿄대학 구와무라 데쓰오 교수의 학위 논문이 있고 최근 자료로는 당시 우리 연구실 대학원생이었던 사카이 요이치(현 히로시마대학 교수)의 박사 논문이 있다. 사카이는 청줄청소놀래기의 성전환에 따른 사회구조 변화와 번식 전략을 연구했다. 청줄청소놀래기 수컷은 커다란 세력권을 만들고 영역 안에 자기보다 덩치가 작은 암컷들을 들여 하렘을 형성한다(그림 4-3). 수컷의 세력권 안에 사는 암컷들 사이에는 크기에 따른 서열 관계가 성립되고 같은 크

그림 4-3 청줄청소놀래기의 하렘 지도. 두 개의 하렘(C2와 D)에 암컷(F)이 머문다. 두꺼운 곡선은 수컷의 세력권이다. 이 그림에는 F4가 하렘 C2로 이사한 사실이 그려져 있다. 이웃 하렘의 사정도 서로 알고 있다. 축척은 10미터다. (Sakai et al. 2001)

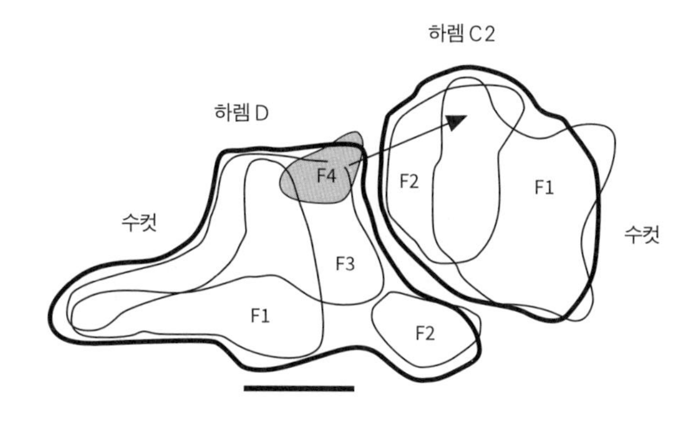

기의 암컷끼리는 영역을 나누어 생활한다. 하렘 안에서 한정된 개체들이 오랜 시간, 자주 마주치며 생활하므로 서로를 개체 식별하고 있음은 틀림없었다. 게다가 이웃 하렘의 구성원도 인식하고 있으리라 추측할 수 있었다.

산호초에 서식하면서 수컷이 일부다처의 하렘을 형성하는 물고기 중에는 몸이 자라나는 동안은 암컷으로 성성숙해 알을 낳지만 몸이 다 자라면 수컷으로 성이 바뀌는 자성선숙雌性先熟형 물고기가 많다. 사실 자성선숙형 성전환이 자연계에서 확인된 첫 사례가 바로 청줄청소놀래기다(桑村 2004). 거대한 하렘을 거느리던 수컷이 사라지면 다음 날부터 가장 큰 암컷이 수컷 행세를 한다. 수컷 흉내를 시작한 암컷은 이웃 하렘 수컷과 전투를 벌이고 다른 암컷에게 구애를 하거나 위압적인 태도를 보이다 2주가 지나면 수컷으로 성전환되어 암컷이 낳은 알에 자신의 정자를 수정시킨다.

이처럼 실험 대상 동물의 자연계 속 생활상을 이해하는 것, 특히 실험 개체를 길러 행동 실험이나 인지 실험을 수행하는 당사자가 자연 상태의 실험 대상 동물을 잘 이해하는 것은 사육 동물로 수행하는 실험에서의 중요 요건이다.

거울 달린 수조 만들기

이제 청줄청소놀래기를 어떻게 손에 넣을지 고민할 차례다. 바다에 들어가 그물로 잡기는 여간 어려운 일이 아니다. 청줄청소놀래기를 잡으려면 그들이 다니는 길목에 걸그물을 놓아야 하는데 자칫 잘못하면 물고기가 상처를 입고 약해진다. 깨끗한 남쪽 바다에서 오사카 시내에 있는 학교까지 머나먼 거리를 이동시키는 일도 만만찮다. 혹시나 하는 마음에 근처에 있는 열대어 수족관에 들러보았는데 아니나 다를까 6~7센티미터 크기의 청줄청소놀래기를 팔고 있는 게 아닌가. 물어보니 동남아시아에서 공수됐단다. 심지어 1마리당 500엔밖에 하지 않았다. 청줄청소놀래기로 실험해야겠다고 결정한 순간이었다.

우선 작은 수조에서 오랜 기간 사육할 수 있는지 확인하는 일부터 시작했다. 60센티미터 수조(60×30×30센티미터)와 45센

그림 4-4 실험 수조

티미터 수조(45×30×30센티미터)에 1마리씩을 넣고 지켜본 결과 그들은 테트라민이라 불리는 인공 사료로도 장기간 건강한 상태로 지냈다(그림 4-4). 드디어 실험 시작이다.

트란스크립투스 실험에서는 시중에 판매하는 일반 거울을 사용했지만, 물고기에게 거울을 어떻게 보여줄지는 분명 이 실험의 중요한 포인트다. 침팬지 실험과 유인원 실험에서는 인간이 사용하는 전신 거울을 하루 30분 정도 보여주었다. 괜찮은 방법일지도 모른다. 그러나 대상은 물고기였다. 유인원 실험에서 통한 방법이라고 해서 무작정 따라 하는 건 좋지 않다. 나는 45센티미터 실험 수조의 한쪽 벽에 벽면 넓이와 똑같은 크기의 거울(폭 44센티미터×높이 27센티미터)을 끼워 넣고 청줄청소놀래기에게 하루 종일 거울을 보여주기로 했다. 이렇게 되면 좋든 싫든 밤낮없이 자기 모습을 볼 수밖에 없다.

거울과 실험 대상 동물의 상대적인 크기로 따지면 청줄청소놀래기 실험의 거울은 두드러지게 크다. 코끼리에게 폭 30미터, 높이 20미터에 달하는 거울을 보여준 것과 같은 수준이다. 거울을 실험 수조 벽면 크기에 꼭 맞추려면 따로 제작하는 방법밖에는 없었으므로 근처 유리 상점에 주문한 뒤 수령했다. 거울은 바닷물에 들어가면 상하기 마련이라 실험을 시작한 지 10년 가까이 지난 지금까지도 10장 단위로 그때그때 주문을 넣고 있다. 덕분에 나는 그 유리 상점에서 '오사카시립대의 희한한 물고기 선생'으로 통한다.

한 달 넘게 청줄청소놀래기 실험 개체를 거울이 없는 상태로 기르며 수조에 충분히 적응시켰다. 동물 행동 실험을 할 때 실험 개체의 건강 상태와 활력은 무엇보다 중요하다. 그가 건강해야 함은 물론이거니와 주눅 들거나 힘이 없거나 겁에 질려 있다면 행동 실험을 해서는 안 된다(못하는 것이 아니라 해서는 안 되는 것이다). 동물이 평온한 상태라야 본래의 자연스러운 행동을 이끌어 낼 수 있어서다(물론 겁먹었을 때의 반응을 실험하고자 할 때는 예외다).

자연 상태에서 해당 동물이 어떻게 행동하는지를 파악하고 있다면 실험실에서의 움직임을 바탕으로 그의 심정을 추측할 수 있다. 반대로 자연 속 본연의 행동 패턴을 알지 못하면 실험 개체의 심정을 추측하지 못해 연구의 방향이 어긋나거나 때로는 관찰 결과를 완전히 반대로 해석하는 대참사가 일어나기도 한다. 그렇기에 사육한 실험 동물의 심정을 충분히 파악하지 못한 채 진행한 행동 연구나 인지 연구는 어딘가 미덥지 않다.

청줄청소놀래기들은 먹이도 잘 먹고 색깔도 선명했으며 수조 안을 힘차게 헤엄쳤다. 이 정도면 됐다. 밤사이 수조에 거울을 끼워넣고 크기가 같은 흰색 아크릴 판으로 가렸다. 흰색 가림막을 치우는 것과 동시에 실험은 시작된다.

거울 앞에 선 청줄청소놀래기

관찰 계획은 갤럽 교수의 논문을 참고했다. 총 관찰 기간은 2주로 잡고 첫날부터 5일 차까지는 매일, 이후에는 7일 차, 10일 차, 15일 차마다 정오쯤부터 한두 시간씩 영상을 촬영하기로 했다. 관찰 결과는 그림 4-5와 같다. 거울을 보여준 첫날은 거울상을 공격하는 데 많은 시간을 할애했지만 2, 3일 차에는 공격 시간이 크게 줄었고 7일 차가 되자 공격 행동이 사라졌다. 그리고 3일 차 무렵부터는 내가 여태껏 본 적 없는 '부자연스러운 행동'을 거울 앞에서 하기 시작했다. 거울 앞에서 급작스럽게 돌진하기도 하고 배를 위로 한 채 헤엄을 치기도 했다. 춤추는 듯한 몸짓도 했는데 그 모습이 무척 우스꽝스러웠다. 그림을 보면 3~5일 차 사이에 부자연스러운 행동이 빈번하게 나타난다는 사실을 알 수 있다. 부자연스러운 행동도 거울을 보여준 지 일주일이 지나면 거의 사라지고 일주일 이후부터는 거울 앞 5센티미터 이내에 머물며 거울을 가만히 들여다보거나 거울

그림 4-5 거울을 본 청줄청소놀래기의 반응을 시간 순서에 따라 정리한 그래프. (Kohda et al. 2019)

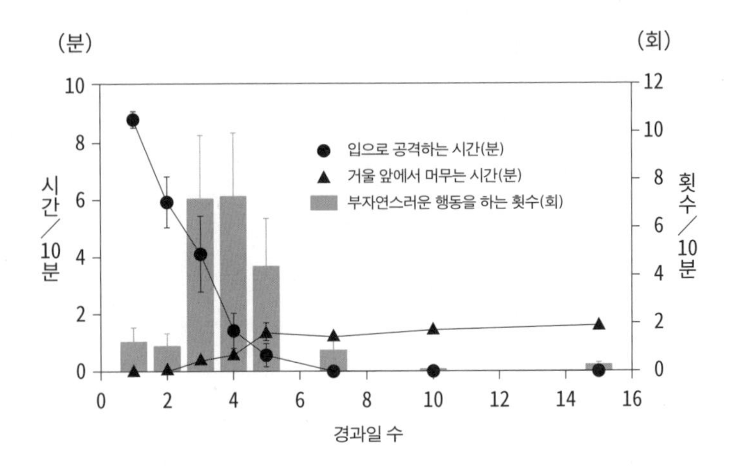

을 따라 천천히 헤엄치는 모습이 제법 안정되어 보였다.

아무래도 청줄청소놀래기의 부자연스럽고 독특한 행동이 실험의 열쇠가 되어줄 것만 같은 예감이 들었다. 3~5일 차에 나타났던 이 행동들은 침팬지의 '확인 행동'과 유사하다(그림 4-6).

침팬지는 거울을 보여준 첫날부터 이틀 동안은 거울상을 공격하거나 큰 소리를 내며 위협했다(1단계). 이후 양팔을 휘젓고 몸을 요리조리 흔들고 거울 앞에서 멀어졌다 다가가기를 반복하며 부자연스러운 행동을 보인다. 이른바 '확인 행동'으로, 자신과 거울상의 동조성을 확인하는 과정이라 짐작된다(2단계). 부자연스러운 행동이 잦아들 때쯤 침팬지는 거울 속 모습이 자기 자신임을 알아챘는지 가만히 지켜보거나 거울을 향해 입을

그림 4-6 거울을 보여준 이후의 행동 변화. 청줄청소놀래기도 침팬지도 3단계를 거쳐 거울 자기 인식이 나타난다. (이미지 제공: 교도통신)

크게 벌리고 안을 청소하기 시작한다(3단계).

침팬지와 마찬가지로 청줄청소놀래기도 처음에는 내리 공격만 하다가(1단계) 문득 자신의 움직임과 거울상의 움직임이 완전히 일치한다는 사실, 즉 수반성을 깨닫고 확인에 들어간다(2단계). 수반성을 확인하기 위해서는 청줄청소놀래기들이 평소에 하지 않는 행동, 상대방이 흉내 내기 어려운 행동을 하는 편이 효과적일 것이다.

앞에서도 설명했듯 청줄청소놀래기는 거울 앞에서 급작스럽게 돌진하거나 몸을 거꾸로 뒤집거나 느닷없이 춤을 춘다. 이 행동들의 공통점은 뜬금없고 부자연스러우며 1초 남짓 이어지는 짧은 동작이라는 것이다. 의미도, 목적도 불분명하고 기묘하며 불가사의하다. 청줄청소놀래기의 인사 행동이나 구애 행동 같은 사회 행동과도 다르다. 나는 자연 상태에서도 춤을 추거나 거꾸로 헤엄치는 청줄청소놀래기를 본 적이 없다.

부자연스러운 행동들은 거울을 보여준 지 3~5일 차 사이의 사흘 동안 집중해서 나타나고 그 전이나 후에는 나타나지 않는데(그림 4-5), 이 행동들은 거울 속 모습이 자신인지 확인하거나 거울의 성질을 탐색하는 행동이라고밖에는 설명할 수 없다. 물고기 행동 연구 역사상 (결코 과장이 아니다) 전무후무할 만큼 부자연스럽고 이상한 이 행동은 침팬지가 보여주었던 '확인 행동'에 해당한다고 봐도 좋지 않을까.

그럼 청줄청소놀래기에게서 3단계에 해당하는 행동이 나타났을까. 침팬지는 확인 행동이 끝나자 거울로 자기 몸을 관찰하기 시작했다. 입안을 들여다보며 이빨 사이에 낀 이물질을 손가락으로 빼내고 평소에는 볼 수 없던 등이나 사타구니를 관찰했다. 갤럽 교수는 이러한 '자기 지향 행동'이 침팬지가 거울 자기 인식을 했다는 증거라고 보았다. 한편 청줄청소놀래기는 확인 행동이 끝날 무렵인 실험 5일 차부터는 거울로 자기 모습을 들여다보는 시간이 늘고 7일 차부터는 공격도, 확인 행동도 거의 하지 않았다. 아마 이때부터가 3단계로, 거울에 비친 자기 모습을 인식한다고 여겨지긴 하지만 아무래도 손이나 손가락이 없다 보니 침팬지가 보인 만큼의 다양한 자기 지향 행동을 확인할 수는 없다.

3. 드디어 마크 테스트

청줄청소놀래기는 가려운 곳을 비비댄다

거울을 본 청줄청소놀래기의 반응이 침팬지의 반응과 비슷하다는 사실을 알았다.

침팬지 거울 실험에서는 거울을 보여주고 열흘 정도 지난 뒤 마크 테스트에 들어갔다. 사용한 마크는 냄새도 없었고 촉각 자극을 주지도 않았다. 실험 개체는 마크가 묻어 있더라도 눈치채지 못했고 만지려는 행동도 하지 않다가 거울을 보여주자 제 얼굴을 살피며 이마 위 마크에 손가락을 댔다. 손에 묻은 마크를 관찰하기도 하고 손가락 끝을 코에 갖다 대고 냄새를 맡기도 했다. 침팬지는 손과 손가락으로 자기 지향 행동을 할 수 있다.

손도 손가락도 없는 물고기가 마크를 만질 수 있을까? 얼핏 어려운 일처럼 보이지만 문제는 생각보다 간단하게 해결되었다. 물고기는 가려움이나 통증을 느끼면 그 부위를 어딘가에 비비대며 긁는다. 청줄청소놀래기 역시 몸을 모래나 돌에 비비대는 행동을 종종 하고 수조 안에서도 자주 몸을 바닥에 문지른다. 그렇다면 가려울 때뿐만 아니라 몸에 불쾌한 이물질이 묻어 떼어내고 싶을 때도 수조의 돌이나 바닥에 몸을 문지르리라고 기대할 수 있다. 손이나 손가락을 사용하는 대신 어딘가에 비비대는 방식으로 자기 지향 행동을 하는 셈이다.

물고기 몸 어느 곳에 마크를 해야 하는지도 문제다. 당사자의 눈에 직접 보이는 부위는 안 된다. 거울을 사용해야만 볼 수 있는 곳이어야 한다. 물고기의 신체 구조를 생각하면 이마, 턱 밑, 배가 적합해 보인다. 그런데 이마의 얇은 피부 바로 밑에는 뼈가 있어 마크를 표시하기가 어렵다. 차라리 살집이 있어 부드러운 턱 밑이나 배가 낫다. 게다가 청줄청소놀래기가 마크를 알아챈 뒤에는 몸을 비비대야 하므로 가능한 한 비비대며 긁기 쉬운 부위가 좋을 것이다. 어떤 자세를 취해도 이마는 힘들 테지만 턱 밑이나 배라면 어렵지 않을 듯했다.

그럼 턱 밑과 배 중 어디가 좋을까. 배라면 평소에도 간혹 바닥에 문지르기는 하지만 턱 밑을 문지르는 행동은 본 적이 없었다. 이는 유용한 특성이다. 평소라면 하지 않는 행동을 거울로 턱 밑의 '기생충'을 발견하고 처음으로 해 보인다면 거울 자기 인식을 한다는 결정적이고도 강력한 증거가 된다. 기생충과 똑 닮고 촉각 자극이 없는 마크를 턱 밑에 표시한 뒤 거울을 보여주었을 때 평소와 달리 턱 밑을 바닥에 문지르는 행동을 한다면 청줄청소놀래기의 마크 테스트는 성공이다.

시각 자극인 마크에는 냄새나 촉각 자극이 없어야 한다. 만약 마크에 냄새가 있거나 가려움이 동반된다면 거울을 통한 시각 자극이 아니라 냄새나 촉각 자극으로 마크의 존재를 알아챌 수 있기 때문이다. 그러므로 거울을 보여주기 전 단계에서 실험 개체가 마크를 인식하지 못했다는 사실을 확인할 필요가 있다.

청줄청소놀래기 실험에서도 트란스크립투스 실험 때처럼 물고기 개체 표지에 쓰이는 색소인 엘라스토머를 사용했다. 피하에 정확히 주사하기만 하면 물고기의 행동에 영향을 미치지 않는다는 사실이 몇몇 논문을 통해 보고된 바 있어서였다. 엘라스토머로 기생충과 닮은 갈색 마크를 표시하면 될 듯했다. 다만 침팬지 실험은 피부에 묻히면 그만이었지만 우리 실험은 주사로 주입해야 했다. 사람들은 주사라는 말만 들어도 따끔한 감각을 머릿속에 떠올린다. 이 부분이 약점이라고는 생각했지만 나중에 그토록 큰 문제가 될 줄은 (혹은 추궁당할 줄은) 이때만 해도 추호도 알지 못했다.

기생충과 똑 닮은 마크를 표시하다

침팬지 실험과 마찬가지로 마크 표시는 마취를 한 뒤 실시했다. 자연 상태의 청줄청소놀래기들은 밤사이 바위 뒤나 산호 틈에서 잠을 자는데 실험실에서는 수조 안에 넣어 둔 약 10센티미터 길이의 파이프에 들어가서 눈을 붙인다. 파이프 안에서 잠든 청줄청소놀래기를 잡는 방법은 간단하다. 그물로 파이프째 떠서 마취액이 들어 있는 용기에 그대로 집어넣으면 된다. 1분 뒤 꺼내어 보면 완벽하게 마취되어 있다. 이제 재빨리 크기를 재고 엘라스토머를 주사한다. 마크 표시가 끝나면 파이프와 함께 원래 있던 수조로 되돌려놓는다. 수조의 거울은 미리 흰 아크릴판으로 덮어둔다. 물고기가 다음 날 아침 잠에서 깨어났을 때도 거울은 여전히 가려진 상태다.

먼저 대조 실험으로 투명 색소를 주사했다. 색소가 투명해 보이지 않는다는 점 빼고는 갈색 마크를 표시할 때의 절차와 완전히 똑같다. 다음 날 아침, 늘 그랬듯 쌩쌩하게 헤엄치는 모습을 확인한 뒤 거울을 보여주고 영상 촬영을 시작했다. 만약 주사 때문에 가려움이나 통증을 느낀다면 마크가 보이지 않더라도 턱 밑을 여기저기 비비댈 것이다. 우리의 예상은 물론 '턱 밑을 비비대지 않는다'였다.

이후 동일한 개체를 똑같이 마취해 기생충을 닮은 갈색 마크를 표시했다(책머리 그림 4a). 갈색 마크를 표시하더라도 거울을 가려두면 물고기의 눈에 마크는 보이지 않는다. 촉각 자극이 없는 한 거울이 없다면 턱 밑을 바닥에 비비대는 행동은 하지 않으리라고 예상된다. 잠시 후 거울을 가리고 있던 흰색 판을 치우고 거울을 보여준다. 이제 턱 밑을 바닥에 비비대주기만 하면 마크 테스트는 완벽하게 성공이다.

마크 테스트 결과

과연 결과는 어땠을까. 마크 테스트는 4마리로 실시했다. 실험 방법, 결과 예측, 실제 결과를 그림 4-7에 나타냈다. 대조 실험은 총 3가지였다. 우선 마크를 주사하기 전에는 4마리 모두가 턱 밑을 바닥에 비비대는 행동을 전혀 하지 않았다(대조 실험1). 아울러 투명한 색소를 주사했을 때도 턱 밑을 비비대는 행동은 관찰되지 않았다(대조 실험2). 이는 마취를 하고 마크를 주사하는 행위나 마크 자체가 촉각을 자극하지 않는다는 사실, 다시 말해 마크용 주사가 가려움이나 통증을 일으키지 않는다는 사실을 보여준다. 그러고 난 뒤 드디어 갈색 마크를 턱 밑에 표시했다. 거울이 없을 때는 예상대로 넷 중 어느 개체도 턱 밑을 모랫바닥에 문지르지 않았다(대조 실험3). 색이 있는 마크를 주사하더라도 눈에 보이지 않으면 마크의 존재를 인지하지 못하는 것이다.

본격적인 실험은 거울을 가리고 있는 아크릴 판을 제거한 이후부터다. 청줄청소놀래기가 턱 밑을 바닥에 비비댄다면 마크

그림 4-7 청줄청소놀래기 4개체의 마크 테스트 결과

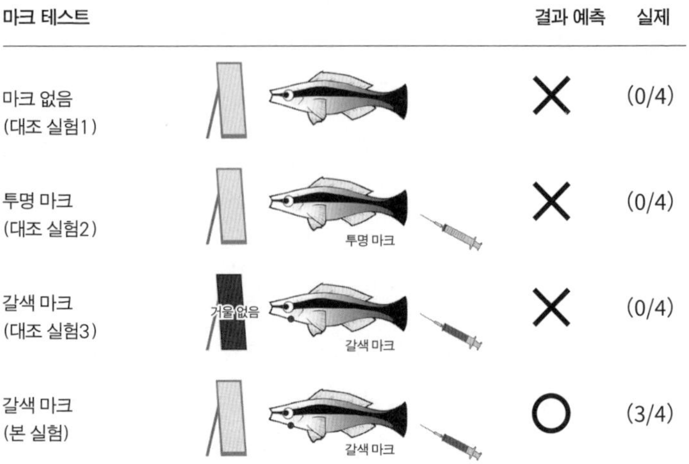

마크 테스트		결과 예측	실제
마크 없음 (대조 실험1)		×	(0/4)
투명 마크 (대조 실험2)	투명 마크	×	(0/4)
갈색 마크 (대조 실험3)	거울 없음 / 갈색 마크	×	(0/4)
갈색 마크 (본 실험)	갈색 마크	○	(3/4)

테스트 합격이다.

이제 갈색 마크를 턱 밑에 주사하고 거울을 보여줬을 때 찍은 영상을 해석할 시간이다.

거울 앞에 있던 흰색 아크릴 판을 꺼내고 잠시 기다리자 청줄청소놀래기는 거울로 턱 밑을 확인하더니 비록 어색한 몸짓이기는 하지만 모랫바닥에 내려앉아 턱을 비비댔다!

영상을 처음 본 순간, 나는 너무 놀라 "우왓!" 하고 소리를 질렀다. 정말이지 의자에서 떨어질 뻔했다. 턱을 바닥에 문지르는 행동은 청줄청소놀래기는 물론 다른 물고기에서도 본 적이 없었다. 심지어 영락없이 턱 밑에 붙은 기생충을 바닥에 깔린 모

래에 비비대 떼어내려고 하는 모습이었다. 같은 행동은 다른 개체에서도 확인됐다. 4마리 중 3마리가 각각 16회, 10회, 6회에 걸쳐 턱을 바닥에 비비댔다. 나머지 하나는 턱을 비비대는 행동을 하지 않았다. 다시 한번 강조하지만 턱을 바닥에 비비댄 3마리는 거울이 없을 때는 전혀 갈색 마크를 바닥에 문지르지 않았다. 거울을 보여주었을 때만 마크를 비비댔다. 이 결과는 청줄청소놀래기가 마크 테스트에 합격했다는 사실을 확실하게 보여줬다. 물고기의 거울 자기 인식이 처음으로 증명된 것이다!

기생충이 떨어졌는지 확인하는 청줄청소놀래기

흥미로운 모습도 관찰되었다. 각 개체는 턱 밑을 바닥에 문지르기 직전에 거울로 마크를 확인한다. 그리고 턱 밑을 문지른 직후, 한 번 더 마크를 거울에 비추어본다(그림 4-8). 마치 '기생충'이 떨어졌는지를 확인하는 모습처럼 보인다. 거울로 턱 밑의 기생충을 본 시점부터 바닥에 문지를 때까지가 2초 남짓, 그리고 턱 밑을 문지른 시점부터 다시 거울로 기생충을 확인할 때까지가 2초 남짓이었다. 턱을 문지른 총 38번의 행동 중 35번에서 이러한 동작이 확인되었다. 턱 밑을 문지르고는 대체로 곧장 거울 앞으로 달려가 기생충이 없어졌는지를 확인한 셈이다. 턱 밑을 비추어 볼 때는 거울 앞에서 가만히 정지해 있기까지 했다. 거울 앞에서 잠시 움직임을 멈추는 행동은 턱 밑을 바닥에 문지

그림 4-8 턱 밑의 마크를 문지르는 행동의 연결 동작. 턱 밑을 바닥에 문지르기 직전에 거울을 확인한다. 그러고는 돌이나 모래에 턱 밑을 문지른다. 거울 앞으로 돌아와 문지른 부위를 가만히 들여다본다. '기생충이 떨어졌는지' 거울을 통해 확인하는 것으로 여겨진다.

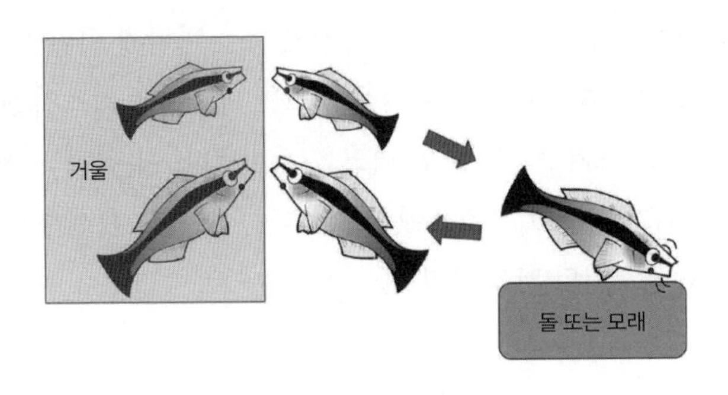

른 직후에만 관찰되었다. 턱 밑을 바닥에 문지르려다 삐끗했을 때는 거울을 보러가지 않았다. 모랫바닥에다 마크를 긁지 못했다는 사실을 알고 있었기 때문이다.

이러한 행동은 청줄청소놀래기가 거울에 비친 모습을 자신으로 인식한다는 사실을 한층 더 뒷받침한다. 나는 청줄청소놀래기가 스스로 무엇을 하고 있는지 정확하게 인식하고 있다고 생각한다. '앗, 내 턱 밑에 기생충이 붙어 있잖아! 빨리 떼어내야겠어' 하고 턱 밑을 바닥에 비비댄 다음 '떨어졌나?' 하고 거울에 비춰보며 확인한 것이다. 내 해석이 타당하다면 청줄청소놀래기의 행동은 침팬지의 행동과 크게 다를 바가 없다. 침팬지는 마크를 만진 뒤 손가락에 묻은 마크가 무엇인지 확인하는 행동을 취했다. 청줄청소놀래기는 침팬지와 같은 행동을 하고 있으며 이 사실은 물고기에게 자아의식이 있음을 강력하게 주장한다. 엄청난 일이 일어나고 말았다.

커다란 뇌를 가진 동물이 거울 자기 인식을 할 줄 안다면 그래도 이해는 된다. 그러나 이번에 실험한 동물은 물고기였다. 물고기의 뇌 무게는 1그램도 채 되지 않는다. 상식에서 멀어져도 너무 멀어졌다. 이 발견이 흥미로울 뿐 아니라 내포한 의미도 크다고 생각하는 이유다. 그런데 만약 내가 틀렸다면 어떨까. 실험 내용이 공개되면 언론에서도 거창하게 보도할 것이다. 그런 상황에서 나중에 착각이었다거나 큰 실수가 있었다며 결과를 정정하려 든다면 엄청난 후폭풍이 예상되거니와 때에 따라서는 사과 몇 마디로 끝나지 않을지도 모른다.

그러나 실험 방법에는 문제가 없었고 실험 결과 역시 청줄청소놀래기가 자기 인식을 할 수 있다는 사실을 분명하게 가리키고 있었기 때문에 어딘가 오류가 있을지도 모른다는 불안은 눈곱만큼도 없었다. 오히려 "이것이 진실이다! 지금까지의 상식이 틀렸다!"라는 생각에 무척 들떴다.

드디어 투고

자연과학을 연구하는 사람이라면 누구나 인정하는 최고의 학술지는 『네이처』와 『사이언스』다. 제일 먼저 논문을 투고한 곳은 『사이언스』였다. 4명의 심사위원 중 어류학자로 보이는 두 사람은 무척 흥미로운 논문이라며 극찬에 가까운 코멘트를 했지만 영장류학자로 보이는 나머지 두 사람은 지극히 회의적이고 부정적인 코멘트를 남겼다. 부정적인 코멘트를 남긴 마음도 이해는 된다. 유인원, 코끼리, 돌고래, 까치에게서만 확인되었던 거울 자기 인식 능력이 덩치도 작고 뇌는 더 작은 물고기에게도 있다고 주장하는 논문이었기 때문이다. 실험에 성공했다는 말에 순순히 "아, 그렇군요" 하고 받아들이지 못하고 신중한 태도를 보이는 것은 영장류학자로서 당연한 일일지도 모른다. 실험하는 동안 실수는 없었는지, 결과 해석에서 잘못된 부분은 없는지, 생각할 수 있는 모든 비판이 날아왔다. 그러나 편집자는 내게 보낸 답신을 통해 지적받은 추가 실험의 결과가 긍정적이라면 통과될 수 있을지도 모른다며 상당히 호의적인 태도를 보였다. 추가 실험이라고는 해도 모두 간단한 실험이었으므로 벌떡 일어나 실험실로 향했다. 이 고비만 넘기면 『사이언스』다.

첫 번째로는 '만약 청줄청소놀래기가 갈색 마크를 기생충이라고 여긴다면 시선이 직접 닿는 부위에 마크를 표시했을 때는 거울이 없어도 해당 부위를 비비대야 한다'라는 지당한 지적을 검증하는 실험을 실시했다. 우리는 곧장 실험에 들어갔다. 다섯 마리의 청줄청소놀래기를 준비한 뒤 우선 아무런 조작을 하지 않은 상태에서 몸의 좌·우측면을 바닥에 비비대는 빈도를 관찰했다. 비록 낮은 빈도이기는 하지만 턱 밑과 달리 몸의 측면은 평소에도 수조 바닥에 비비대는 행동을 보였다. 이어 몸 좌측면에만 투명 마크를 표시했다. 하지만 좌측면을 비비대는 행동의 빈도가 더 늘지는 않았다. 예상했던 대로 가려움 같은 촉각 자극은 없는 모양이었다. 이번에는 좌측면에 갈색 마크를 표시해 보았다. 그러자 거울 없이도 자기 몸 왼쪽에 기생충이 붙어 있다는 사실을 알아채고 좌측면을 바닥에 문지르는 빈도가 유의미하게 늘었다.

실험 결과는 청줄청소놀래기가 마크를 기생충이라고 여기고 떼어내려 한다는 사실, 아울러 당연한 이야기지만 눈에 보이는 신체가 자기 몸이라는 사실을 명확하게 인식하고 있다는 사실을 가리키고 있었다. 심사위원의 지적에 완벽하게 부응하는 답변이었다. 첫 번째 코멘트는 해결됐다.

두 번째는 청줄청소놀래기의 행동이 거울상을 이웃 개체라 여기고 턱 밑에 기생충이 붙어 있다는 사실을 상대방에게 알려주는 동작이라는 가설을 반박하기 위한 실험이었다. 청줄청소놀래기가 거울상을 다른 개체로 인식하고 있으며 거울 자기 인식은 하지 못한다는 생각에 기초한 가설이다. 이 가설이 성립하려면 청줄청소놀래기가 평소에도 몸짓을 통해 상대방에게 메시지를 전달한다는 전제가 필요했다. 그러나 물고기가 몸짓으로 정보를 전달한다는 이야기는 어디에도 없었다. 무언의 '대화'는 물고기에게 거울 자기 인식보다 더 어려운 일일지도 모른다. 어쩐지 꼬투리 잡는 코멘트처럼 느껴졌지만 하는 수 없었다.

나란히 놓은 두 수조에 각각 청줄청소놀래기를 넣었다. 일주일 정도 지난 뒤 두 물고기의 턱 밑에 갈색 마크를 표시했다. 물고기들은 이웃의 턱 밑에 있는 마크는 볼 수 있지만 자신의 마크는 보지 못한다. 심사위원의 지적대로라면 이웃의 마크를 본 청줄청소놀래기는 상대방에게 마크가 있다는 사실을 알려주기 위해 '턱 밑을 바닥에 비비대는' 행동을 해야 했다. 우리의 가설에 따르면 청줄청소놀래기는 자신의 턱 밑 마크를 볼 수 없으므로 '턱 밑을 비비대지 않아야' 한다. 실험 결과, 8개체 모두 턱 밑을 비비대지 않았다. 예상한 결과였지만 한편으로는 그냥 한번 잡아본 꼬투리에 너무 성실하게 답변했다는 생각도 들었다.

그 밖에도 몇 가지 소소한 추가 실험을 마쳤지만 실험 결과는 모두 청줄청소놀래기가 거울에 비친 자기 모습을 인식한다는 결론을 뒷받침하고 있었다.

산처럼 쌓여가는 꼬투리

몇 개월 뒤, 우리는 "이제 됐을걸!" 하는 마음으로 다시 『사이언스』의 문을 두드렸고, 긍정적인 회신을 확신하고 기대에 부풀어 있었다. 두 달 뒤 돌아온 대답은 경악스러울 만큼 충격적이었다. 리젝트(탈락)였다. 어째서였을까?

사과라도 하는 듯한 편집자의 기나긴 답변을 읽고 나서야 이유를 알았다. 새로운 심사위원으로 대학자 갤럽 교수가 위촉된 것이었다. 격앙된 감정이 고스란히 묻어나는 갤럽 교수의 코멘트에는 한결 다양해진 꼬투리가 산처럼 쌓여 있었다. 갤럽 교수는 거울 자기 인식을 할 수 있는 인간 외 동물은 침팬지나 오랑우탄 같은 대형 유인원뿐이라고 굳게 믿는 사람이다. 코끼리, 돌고래, 까치의 거울 자기 인식 능력조차 회의적인 시선으로 바라본다. 일본원숭이 같은 원숭이류도 거울 자기 인식이 불가능하다고 단언한다. 그런 심사위원에게 물고기가 거울 자기 인식을 할 수 있다는 주장이 용납될 리가 없다. 갤럽 교수는 편집자에게 제법 강렬한 리젝트 의사를 전한 듯했다. 우리의 추가 실험 결과도 청줄청소놀래기의 거울 자기 인식 능력을 강력히 뒷받침하고 있었지만 아무래도 편집자는 권위에 굴복한 모양이었다.

리젝트 당한 충격으로 아무것도 하지 못하는 사이 반년이 흘러버렸다. 뒤이어 투고한 곳은 생물학 분야 전반을 다루는 전자 저널 『플로스 바이올로지PLoS Biology』*였다. 4명의 심사위원 중 2명은 물고기를, 나머지 2명은 인간이나 영장류를 연구하는 사람이었다(코멘트 내용을 보면 알 수 있다). 이번에도 어류학자들은 논문에 지지를 보내며 게재해야 마땅하다는 코멘트를 남겼지만 영장류학자들은 부정적인 태도로 트집을 잡았다. 그러자

---

* 열린 지식, 과학의 대중화를 표방하는 과학 저널로 PLoS는 과학대중도서관Public Library of Science의 약자다. 점차 권력화되는 『네이처』와 『사이언스』의 대안이라는 평가를 받는다.

편집자가 제안을 해왔다. 비전이나 가능성이 있는 원고(이 부분은 추켜세우려는 의도로 편집부가 덧붙인 말이다)에 대해 심사위원들의 의견이 갈릴 때는 쇼트 리포트short report, 이른바 단보 형식으로 게재할 수 있다는 말이었다. 다른 학술지에 투고해 영장류학자들과 논쟁을 벌일 에너지가 더는 남아 있지 않았던 나는 흔쾌히 동의했다. 그 결과 총 1만 단어가 넘는 긴 논문이 단보라는 기묘한 스타일의 논문으로 재탄생했다. 2019년 2월의 일이다.

제5장

논문 발표 이후 세상의 반응

제4장에서는 물고기 거울 자기 인식 연구의 시작부터 논문 발표까지의 과정을 소개했다. 내 경험상 논문이 발표되고 나면 연구는 보통 일단락된다. 그러나 이번 연구는 달랐다. 일본 언론뿐 아니라 해외 언론에서도 취재 메일이나 전화가 이어졌다. 대부분이 미국과 유럽 언론이었지만 카타르의 알자지라 방송국 과학부 소속 기자가 전화를 걸어왔을 때는 정말 깜짝 놀랐다. 물론 어느 나라든 질문은 영어로 해왔다.

많은 비판을 받았다. 우리의 물고기 거울 자기 인식 연구는 비판을 반박하는 실험을 거치며 한층 더 단단해졌다. 제5장에서는 추가로 수행한 실험들을 훑어보며 과학적인 태도에 기초한 실험이 무엇인지를 추체험해보기를 바란다.

1. 비판에 어떻게 맞설 것인가

끓어오르는 비판과 칭찬

간신히 『플로스 바이올로지』에 논문을 발표했다. 발표 직후, 국내외 언론과 대중 과학 잡지의 취재 요청이 줄을 이었다. 기자들은 우리를 취재함과 동시에 전 세계 연구자들에게도 의견을 물어 연구 내용 소개 뒤에 덧붙였다. 요즘은 온라인으로 기

사가 배포되다 보니 발표 직후부터 긍정적인 평가와 부정적인 평가가 끊임없이 이어졌다.

먼저 언론에 보도되었던 긍정적인 평가를 소개하겠다. 스위스 뇌샤텔대학의 레두안 브샤리 교수는 청줄청소놀래기처럼 산호초 지대에 서식하는 물고기를 대상으로 한 인지 연구 분야의 일인자다. 그는 우리의 연구를 두고 끈기를 가지고 훌륭하게 수행해낸 연구라면서 "연구 데이터가 청줄청소놀래기의 거울 자기 인식 능력을 분명하게 보여 준다"라고 평했다. 물고기 인지 연구 분야의 일선에 있는 호주 매쿼리대학의 컬럼 브라운 교수는 "나는 이 뛰어난 논문에 크게 감명받았다"라고 코멘트했다. 『물고기는 고통을 느끼는가?Do Fish Feel Pain?』의 저자 빅토리아 브레이스웨이트 교수는 "모호한 자료를 들이밀며 물고기의 인지 능력이 인간에 가깝다고 주장하는 논문은 많지만 청줄청소놀래기의 거울 자기 인식 능력 연구는 그런 부류의 연구가 아니다"라는 평가를 남겼다.

세 사람 모두 세계 물고기 인지 연구 분야의 최전선에 있는 학자들이다. 그 밖에도 세계 곳곳에서 물고기의 인지 능력과 행동을 연구하는 학자들은 예외 없이 물고기의 거울 자기 인식 능력을 인정하며 연구를 지지해주었다.

반면 전 세계 영장류학자와 동물심리학자들로부터는 거센 비판을 받았다. 기존의 생각, 즉 인간을 정점에 두고 영장류, 영장류 외 포유류, 조류, 파충류, 양서류 순으로 내려오다 가장 마지막에 어류를 배치하는 지성의 계층을 전제하는 연구자들에게 물고기의 자기 인식 능력을 받아들이는 일은 쉽지 않을지도 모른다. 제3장에서 설명했다시피 거울 자기 인식을 할 수 있는 동물은 인간과 유인원뿐이라고 여기는 연구자도 많다. 지성 계층의 가장 아래에 위치하는 물고기가 자기 인식을 할 수 있다면 지금껏 구축해온 가치관이 몽땅 뒤집힌다. 상식적으로 있을 수 없는 일인 것이다.

비판 의견을 표명한 학자 중 대표적인 인물은 침팬지 연구 분야의 일인자인 프란스 드 발 교수와 앞서 몇 번이고 등장했던 갤럽 교수다. 두 사람은 인간과 영장류 연구 분야의 양대 산맥으로 인간과 영장류가 지닌 지성의 본질을 오랜 시간 연구해왔다. 이런 분들께서 즉각 비판 논문을 발표한 것이다. 어쩌면 무척 명예로운 일인지도 모른다. 두 사람 모두 '이대로 둬서는 안 되겠는걸'이라고 친히 생각해주신 것이기 때문이다.

그때부터 전 세계를 상대로 고요하고도 치열한 전투가 시작됐다. 본격적인 전투를 시작하기에 앞서 연구의 본질에 관한 내 생각을 적어보고자 한다.

재미있는 연구의 3원칙

과학 연구에서 옳고 그름을 판단하는 기준은 무엇일까. 지금까지의 상식도, 권위 있는 사람의 의견도, 심지어 교과서 내용도 기준이 될 수 없다. 자기 눈으로 보고 확인한 사실이 가장 중요한 기준이다. 스스로 확인한 사실에 기반해 논리적으로 논의를 진전시켜나가는 것이 본래의 과학적 태도다. 자신이 관찰하고 실험한 결과가 교과서 내용과 다르다고 해서 결코 틀렸다고 여겨서는 안 된다. 이는 매우 중요한 문제다. 혹시 훗날 연구자를 꿈꾸는 사람이 지금 이 책을 읽고 있을지도 모르겠다. 나는 대학 강의 중에 몇 차례 재미있는 연구를 위한 철칙을 이야기한 적이 있는데 여기에도 짧게 적어보려 한다. 내 경험담이기도 하다.

재미있는 연구를 위한 철칙은 3가지다.

첫째, 당연한 말이지만 자신이 연구하는 분야의 교과서는 확실하게 공부해두어야 한다. 해당 분야의 기초 지식이 없으면 연구를 해나갈 구체적인 방법도 알 수 없고 연구의 의의도 이해하지 못한다. 게다가 스스로 노력해 얻은 결과가 '어떤 가치'를 지니는지도 분간해낼 수 없다. 그러므로 연구와 함께 교과서나 주요 논문을 철저하게 학습해야 한다.

그런데 만약 관찰한 결과가 교과서 내용과 다르다면 어떻게 받아들여야 할까. 일단은 연구 절차상의 오류, 관찰 과정이나 계산 과정 중의 실수, 착오 등이 발생했을 가능성을 검토한다. 그래도 결과가 틀림없다면 크게 기뻐해야 할 일이다. 교과서 내용과 직접 관찰한 사실 중 어느 쪽이 옳을까? 물론 직접 관찰한 결과다. 혹시 자신이 없다면 한 번 더 관찰하거나 실험해서 확인하면 그만이다. 다시 확인해도 틀림이 없다면 분명 본인의 생각이 옳다. 이것이 두 번째 철칙이다. 절대 교과서나 다른 이들의 논문 내용과 다르다는 이유로 실패했다고 생각하지 않아야 한다. 애써 움튼 대발견의 싹을 스스로 잘라버리는 일이 될지도 모르기 때문이다. 교과서를 철저하게 공부하되 교과서가 정답이라고 믿어서는 안 된다. 많은 사람이 나와 똑같은 말을 했다. 2019년 노벨 화학상 수상자인 요시노 아키라도 최근 "교과서를 믿어서는 안 된다"라는 발언을 했다. 지극히 동감하는 바다.

셋째, 이상하거나 궁금한 사항은 몇 번이 됐든 끊임없이 생각하고 또 생각해야 한다. 대충 알 듯한 기분이 든다고 해서 적당히 마무리하고 넘어가서는 안 된다. 프랑스의 생화학자이자 세균학의 아버지로 불리는 파스퇴르는 "행운의 여신은 준비된 자를 향해 미소 짓는다"라고 했다. 해결하고 싶은 문제를 머릿속으로 늘 고민하는 것이 바로 준비다. 그러다 보면 얼핏 아무런 관련이 없어 보이는 일과의 유사성이나 연관성을 깨닫게 되고 그 깨달음이 자연스레 참신한 발상과 발견으로 이어지면서 마침내 새로운 이야기의 막이 오를 것이다.

비판의 주요 내용

나는 드 발 교수와 갤럽 교수의 비판 논문(de Waal 2019; Gallup and Anderson 2020)을 읽고는 검증 실험을 통해 충분히 반론할 수 있다고 확신했다.

"어디로 보나 승산이 있는 쪽은 우리다!"

이번 논쟁에서 승리하면 어마어마한 일이 벌어진다. 척추동물의 지성을 계층적으로 이해하던 기존의 사고방식이 모조리 뒤집힐지도 모른다. 그러니 더욱 신중하게 실험을 진행해나가야 했다.

한편 두 교수의 논문은 '이런 것까지 지적하나' 싶을 정도로 '꼬투리'투성이였다. 갤럽 교수의 주요 지적 내용을 정리해보았다.

① 실험 개체 수가 적다.

② 청줄청소놀래기는 턱 밑을 비비댄 것이 아니다. 단지 거울에 비친 턱을 더 잘 보려고 했던 행동이 바닥에 비비대는 것처럼 보였을 뿐이다(그러므로 마크 테스트는 통과하지 못했고 거울 자기 인식 능력도 증명되지 않았다).

③ 청줄청소놀래기는 거울에 비친 모습을 이웃 개체로 인식하고 상대방에게 턱 밑에 붙은 기생충을 알려주려 한 것이다(따라서 거울 자기 인식은 이루어지지 않았다).

③은 이전에도 지적받은 부분으로 이미 추가 실험을 완료한 바 있다. 그리고 두 교수가 함께 지적한 지점도 있었다.

④ 갈색 마크를 볼 때마다 주사 당시 느꼈던 촉각 자극을 떠올린 것이다.

만약 마크를 볼 때마다 촉각 자극을 떠올렸다면 그저 가려움에 몸을 비비대는 것일 뿐이므로 마크 테스트는 통과하지 못한 셈이 된다.

그러나 이들의 비판 내용은 물고기의 마크 테스트 합격을 어떻게든 막으려는 게 아닌가 하는 의구심마저 들 정도로 억지스러운 측면이 있었다.

2. 연이은 추가 실험

실험 개체 수가 적다?

비판을 반박하기 위한 검증 실험에 나섰다. 먼저 '①실험 개체 수가 적다'에 대한 추가 실험이다. 우리 논문에서는 4마리 중 3마리가 마크 테스트에 합격했다. 결코 적은 수치는 아니다. 아시아코끼리는 3마리 중 1마리가, 까치는 5마리 중 2마리가 마크 테스트를 통과했고 1마리, 2마리만으로도 거울 자기 인식 능력을 인정받았다. 그러니 아시아코끼리와 까치를 예로 들며 청줄청소놀래기의 실험 개체 수는 적지 않다고 말로 설명할 수도 있었다. 그러나 몸길이 6, 7센티미터에 불과한 청줄청소놀래기는 키우기도 쉽고 재현 실험도 그다지 어렵지 않다. 그저 45×30×30센티미터짜리 수조 하나만 있으면 한 개체를 실험할 수 있다. 대학교의 한 실험실에서 10마리 정도는 거뜬히 실험해낸다. 실험 동물로 허가받을 필요도 없고 가격도 저렴하다. 재현 실험을 더 하는 편이 나았다.

이상적인 재현 실험이라면 누가 수행해도 같은 결과가 나와야 한다. 따라서 새로 들여온 8마리를 4학년 후지타 아카네에게, 6마리를 석사 과정 대학원생 구보 나오키에게 맡기고 실험을 부탁했다. 실험 경험이 많지 않은 4학년 학생도 할 수 있을까? 사실 그다지 특별한 기술은 필요 없다. 나는 처음에 실험 방법이나 주의 사항을 설명해주었을 뿐 수행 과정이나 영상 해석에는 조금도 관여하지 않았다. 이로써 후지타가 맡은 8마리, 구보가 맡은 6마리에 논문 작성 전 내가 실험했던 4마리를 더해 총 18마리를 대상으로 독립적인 3개의 실험이 수행되었다. 결과가 같은 경향을 띤다면 추가 실험의 개체 수로는 충분할 것이다.

실험 결과, 만족스럽게도 모든 개체에서 같은 경향이 나타났다. 더 정확히 말하자면 새로 실험한 14마리 모두 마크 테스트를 통과했다. 대조 실험1(마크 없음, 거울 있음)에서는 물론 어느 개체도 턱 밑을 바닥에 비비대지 않았다. 대조 실험2(투명 마크, 거울 있음)에서도 턱 밑을 비비대는 개체는 없었다. 대조 실험3(갈색 마크, 거울 없음)에서도 마크가 보이지 않으므로 어느 개체도 비비대는 행동을 보이지 않았다. 마지막 본 실험(갈색 마크, 거울 있음) 때만 14마리 모두가 마크를 바닥에 비비댔다. 논문의 실험 결과(그림 4-7)와 같았다. 동물의 거울 자기 인식 연구 역사상 모든 개체가 마크 테스트를 통과한 사례는 어디에도 없었다. 침팬지도 이 정도는 아니었다. 후지타와 구보의 실험 결과에 오류는 없었을까. 청줄청소놀래기가 턱 밑을 비비대는 장면을 편집해 함께 확인해보았다. 청줄청소놀래기는 틀림없이 턱 밑을 수조 바닥에 비비대고 있었다.

재현 실험의 성과는 2019년 7월, 미국 시카고에서 열린 국제동물행동학회에서 구두로 발표했다. 논문을 발표한 지 5개월 만에 참석한 국제 학회였다. 수많은 청중이 물고기 거울 자기 인식 연구의 재현 실험 결과를 듣기 위해 발표회장으로 모여들었다. 단상에서 프레젠테이션 화면을 가리키며 "All of the 14 fish passed the mark test. It's perfect(14마리 모두 마크 테스트를 통과했습니다. 완벽했죠)"라고 말하자 청중석에서 "와!" 하는 환호성과 함께 박수가 터져나왔다. 뒤쪽에서는 기립 박수를 보내는 사람도 있었다. 그렇게까지 고조된 국제 학회 발표회장은 본 적도 들은 적도 없었다. 단상에 서 있던 나는 얼떨결에 "땡큐" 하고 손을 흔들었다.

발표회장에 영장류 외 포유류·조류·어류학자가 많았던 덕도 있겠지만 어쨌든 그 순간, 세태가 바뀌기 시작했다는 사실이 피부에 와 닿았다. 영리한 동물은 유인원과 원숭이뿐이라고 보던 기존의 가치 체계로부터 패러다임 시프트가 일어나고 있었다. 현장에서 비판적인 분위기는 찾아볼 수 없었다. 발표 직후에 받았던 질문, 로비에서 나누었던 대화도 모두 긍정적이었다. '머리말'에 등장했던 스웨덴의 첫 발표 때와는 확연히 달랐다.

마크 테스트 합격률은 침팬지(40퍼센트), 아시아코끼리(30퍼센트), 까치(40퍼센트)와 비교해봐도 청줄청소놀래기(14/14=100퍼센트)가 단연 으뜸이다. 어째서일까. 침팬지의 합격률도 평균을 내면 겨우 40퍼센트에 불과한데 말이다. 물론 이유는 있다. 다만 청줄청소놀래기의 합격률이 높다고 해서 청줄청소놀래기가 침팬지보다 더 똑똑하다고는 할 수 없다. 사실 합격률에 차이가 나는 이유는 마크에 있다. 하지만 그 이야기를 하기 전에 추가 실험 이야기를 마저 하겠다.

턱을 비비대는 것은 상대방에게 보내는 신호?

①의 검증 실험에 이어 ②와 ③의 지적에 답해보자. ②는 턱 밑을 비비대는 듯한 청줄청소놀래기의 행동이 사실 거울로 턱 밑을 보는 행동일 뿐이라는 지적, ③은 청줄청소놀래기가 거울상을 이웃 개체로 여기고 상대에게 턱 밑에 기생충이 붙어 있다는 사실을 알려준 것뿐이라는 지적이었다. 만약 두 지적이 타당하다면 청줄청소놀래기는 '거울 속 자기 모습' 혹은 '거울 속 이웃 개체', 다시 말해 거울상이 잘 보이는 장소를 골라 턱을 비비댈 것이다. 이 점에 착안해 '턱 밑의 기생충을 떼어 내는 데 유용한 돌이 있지만 거울은 보이지 않는 장소'와 '거울은 보이지만 기생충을 떼어 내는 데는 그다지 효과가 없는 장소'가 공존하는 수조를 준비하고 어디에서 마크를 비비대는지를 관찰했다(그림

그림 5-1 '턱 밑을 비비대는 듯 보이는 행동은 기생충이 붙어 있다는 사실을 상대방에게 알려주는 행동이다'라는 지적을 검증하기 위한 수조. 수조 왼쪽 구석에 기생충을 문질러 떼어내는 데 유용한 돌이 있다. 만약 마크를 없애는 것이 목적이라면 돌에다 턱 밑을 비비대야 한다. 반대로 거울 속 상대에게 보여주는 것이 목적이라면 거울이 보이는 모랫바닥에 턱을 비비대야 한다. 청줄청소놀래기는 총 37번의 행동 중 34번을 흰색 가림막 앞 돌에 턱 밑을 비비댔다.

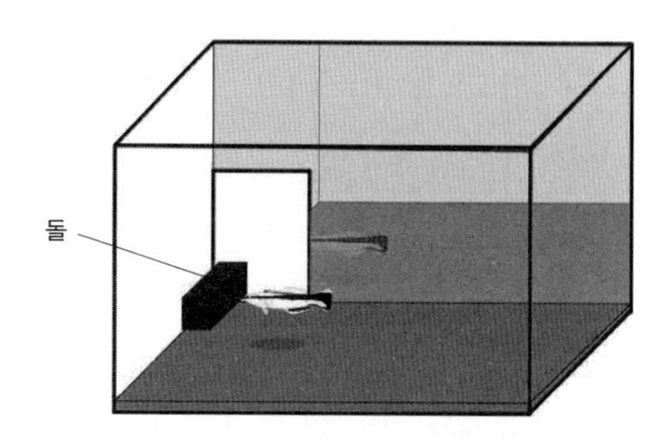

5-1). ②와 ③의 지적이 타당하다면 청줄청소놀래기는 거울이 보이는 곳(흰색 가림막 앞을 제외한 곳)을 택할 것이다. 반면 우리의 가설이 타당하다면 거울상이 보이든 보이지 않든 기생충을 떼어내는 일이 중요하므로 돌이 있는 곳을 택해야 한다.

실험 결과, 청줄청소놀래기는 총 37번의 행동 중 34번을 흰색 가림막 때문에 상대방(=자신)이 보이지 않는 장소, 즉 돌에다가 턱 밑을 비비댔다. 나머지 3번은 거울의 반대쪽 유리 벽에 턱을 비비댔다. 거울에서 가장 멀리 떨어진 반대쪽 유리 벽에 턱 밑을 문지르는 행동은 상대에게 보여주기 위한(혹은 거울로 턱 밑을 더 잘 보기 위한) 행동은 분명 아니다. 완벽한 결과다. 실험 결과를 바탕으로 심판이 우리 손을 들어주더라도 이의를 제기할 사람은 아무도 없으리라.

아울러 청줄청소놀래기가 자신의 턱 밑을 확인하고 있음을 알 수 있는 결과도 따라왔다. 제4장에서 설명한 대로 청줄청소놀래기는 턱 밑을 비비댄 직후 한 번 더 거울을 보러 간다. 흰색 가림막이 없을 때(제4장에서 수행한 실험과 14마리를 대상으로 한 추가 실험)는 바닥에 비비댄 후 바로 앞에 있는 거울에 턱 밑을 비춰보면 그만이었지만 가림막이 있으면 그렇게 할 수 없다. 어떻게 했을까. 청줄청소놀래기는 흰색 가림막에서 벗어나 굳이 거울 앞까지 가서 턱 밑을 비춰보았다. 장애물을 피해 기어이 자신의 턱 밑을 보러 가는 것이다. 거울로 턱 밑을 들여다보는 이유는 무엇일까? 내 눈에는 그게 턱 밑의 기생충이 떨어졌는지 확인하는 행동 혹은 문지른 부위가 어떻게 됐는지 확인하는 행동으로 밖에는 보이지 않는다.

덧붙이자면 수조에 넣어두었던 돌은 기생충을 긁어내기 위한 도구다. 적합한 장소를 골라 마크를 비비대는 행위는 사용하기 편한 도구를 이용하는 행위, 다시 말해 도구의 사용이다. 청줄청소놀래기는 날카로운 도구를 골라 기생충을 긁어내고 턱 밑을 거울에 비춰보며 성과를 확인한 셈이다.

시각 자극이 촉각 자극을 유발한다?

마지막 지적 ④는 약간 까다롭다. 그림 4-7을 함께 보며 읽기 바란다.

④는 물고기가 거울로 턱 밑의 마크를 보면 마크 표시 당시의 촉각 자극을 떠올릴 가능성이 있다는 지적이었다. 지적대로라면 투명 마크를 표시한 실험이나 거울을 보여주지 않은 실험에서는 마크가 보이지 않기 때문에 가려움이나 통증을 상기하지 못해 바닥에 비비대는 행동을 하지 않은 셈이다. 만약 마크라는 시각 자극이 가려움이라는 촉각 자극을 촉발한다면 마크 테스트는 무효다. 사실 일어날 확률이 높지 않은 일이라 괜한 트집에 가깝지만 논리적으로 완전히 부정하기는 힘든 지적이기도 하다.

실험에 사용한 갈색 마크는 기생충과 똑같은 색상·크기·형태를 갖도록 연출한 것이다(책머리 그림 4). 기생충을 보면 떼려고 하는 청줄청소놀래기의 습성에서 마크를 비비대는 행동을 끌어내기 위해 일부러 마련한 장치였다. 그럼 같은 크기, 같은 형태라도 기생충으로는 보이지 않는 청색이나 녹색 마크를 사용하면 어떨까? 기생충으로 보이지 않는다면 청줄청소놀래기는 마크가 묻은 부위를 바닥에 비비대지 않으리라 예상된다. 드발 교수와 갤럽 교수의 가설대로 마크라는 시각 자극을 통해 주사의 촉각 자극을 떠올린다면 청색이나 녹색 마크를 보더라도 자극을 느끼고 마크 부위를 비비대야 한다. 실험해봤다. 청줄청소놀래기가 청색과 녹색을 볼 수 있다는 사실은 이미 알려져 있었다.

결과는 어땠을까. 턱 밑에 청색·녹색 마크를 표시한 청줄청

그림 5-2 턱 밑에 청색, 녹색, 갈색 마크를 표시했을 때 a) 거울에 턱 밑을 비춰본 시간과 b) 턱 밑을 비비댄 빈도. 갈색 마크일 때만 턱 밑을 바닥에 비비대고 거울도 오래 들여다본다. x와 y는 통계적 유의차를 의미한다.

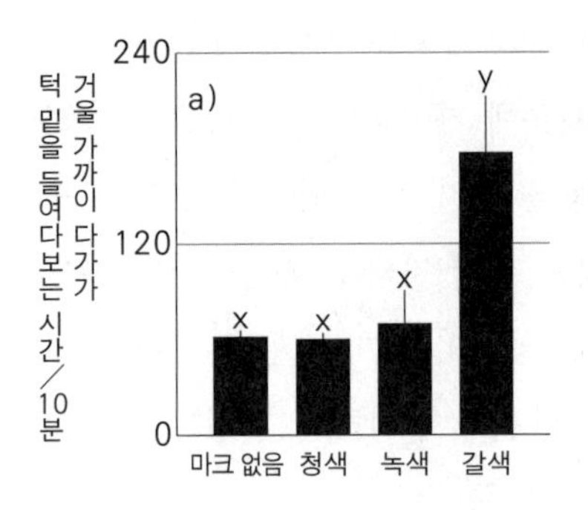

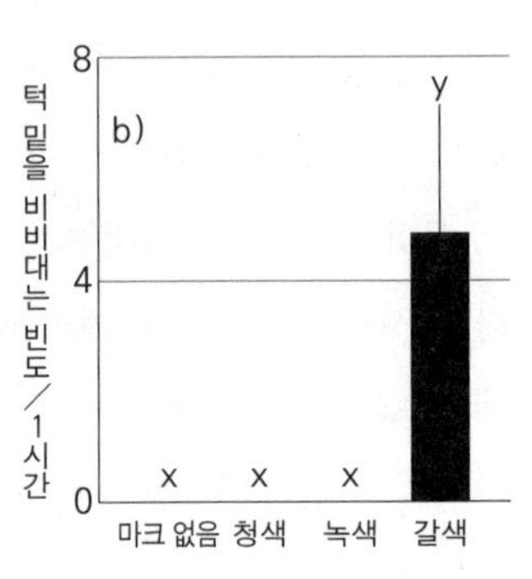

소놀래기에게 거울을 보여주며 바닥에 비비대는 행동의 빈도를 측정했지만 그런 행동을 전혀 관찰할 수 없었다(그림 5-2b). 실험에서는 청줄청소놀래기가 턱 밑을 거울에 비추어 보는 총 시간도 쟀다. 아무런 마크를 표시하지 않았을 때와 청색·녹색 마크를 표시했을 때는 거울 보는 시간이 크게 다르지 않았지만 갈색 마크를 표시했을 때는 확실히 증가했다(그림 5-2a). 청줄청소놀래기는 기생충을 닮은 갈색 마크에만 신경을 곤두세우고 기생충을 닮지 않은 청색·녹색 마크에는 거의 신경을 쓰지 않았다. 인간의 눈에 기생충으로 보이지 않는 청색·녹색 마크는 청줄청소놀래기에게도 기생충으로 보이지 않는 모양이었다.

실험 결과는 드 발 교수와 갤럽 교수의 가설을 부정한다. 마크의 시각 자극이 가려움 같은 촉각 자극을 불러일으키는 일은 없는 듯하다. 오히려 마크가 기생충처럼 보여 바닥에 비비댄다는 우리의 가설을 더욱 뒷받침해주는 결과를 얻었다.

사이좋은 한 쌍을 통한 실험

청줄청소놀래기는 산호초 지대의 넓은 범위를 헤엄치며 살아간다. 그래서 2마리를 같은 수조에 넣으면 종종 격렬한 다툼이 일어난다. 그러나 덩치 차이가 적당히 나는 개체들끼리는 사이좋게 지내기도 한다. 거울을 보고 기생충을 알아본다면, 사이좋은 2마리 중 한쪽의 턱 밑에 갈색 마크가 붙어 있을 때 다른 한쪽은 상대방에게 기생충이 붙은 줄 알고 떼어주려 할 것이다. 이 실험을 더 일찍 수행해야 했지만 사이좋은 한 쌍을 만들기가 쉽지 않았다. 그러다 우연히 서로 다른 크기의 2개체가 사이좋게 지내는 모습을 발견하곤 곧장 실험에 착수했다.

가로가 60센티미터인 거울이 달려 있지 않은 수조에 사이좋은 한 쌍이 들어 있다. 다른 실험과 마찬가지 방법으로 밤사이 작은 개체를 마취하고 투명한 마크와 갈색 마크를 턱 밑에 표시한다. 결과는 예상대로였다. 작은 개체의 턱 밑에 아무런 마크가 없을 때, 큰 개체는 작은 개체의 턱 밑을 청소하려 하지 않았다. 투명 마크를 표시했을 때도 결과는 같다. 그러나 작은 개체의 턱 밑에 갈색 마크를 표시하자 큰 개체는 작은 개체 턱 아래에 있는 기생충을 몇 번이나 떼어내려고 했다. 큰 개체가 턱 밑의 기생충을 떼려고 시도하는 동안 작은 개체는 가만히 기다렸다. 실험에서 분명 청줄청소놀래기는 갈색 마크를 실제 기생충으로 여기고 동료 개체의 몸을 청소했다. 이 사실은 청줄청소놀래기가 자신의 거울상에서 본 턱 밑 마크를 기생충(또는 기생충과 비슷해서 신경 쓰이는 무언가)이라고 여긴다는 생각을 뒷받침한다.

3. '생태적 마크'의 의미

마크 색깔로 결과가 바뀌다

이쯤에서 마크 색깔 문제를 좀더 깊게 들여다보고자 한다. 청줄청소놀래기는 물고기의 몸에 붙은 기생충을 청소하는 습성이 있다. 따라서 기생충처럼 보이는 갈색 마크가 표시되어 있으면 떼어내려고 한다. 가만히 관찰하다 보면 기생충을 흉내 낸 갈색 마크가 견디기 어려울 만큼 신경이 쓰이는 듯 했다.

갈색 마크, 청색 마크, 녹색 마크에 보였던 청줄청소놀래기의 반응을 다시 한번 짚고 넘어가자(그림 5-2). 청줄청소놀래기는 청색 마크와 녹색 마크는 기생충이라고 여기지 않거나 서둘러

없애야 하는 물질로 보지 않는다. 즉, 청줄청소놀래기에게 청색·녹색 마크는 그다지 의미가 없는 반면 갈색 마크는 신경이 쓰여 견딜 수 없는 기생충이다. 조금만 생각해보면 당연한 일이다. 마크가 실험 대상에게 의미가 있다면 마크 테스트에 합격하지만 그렇지 않다면 불합격하고 만다.

이 포인트는 무척 중요하다. 마크 색깔이라는 아주 사소한 차이로 결과가 완전히 달라지기 때문이다. 그러나 세심한 주의가 필요한 부분임에도 지금까지는 신중하게 검토된 적이 없다.

지금껏 수행한 마크 테스트를 돌아보면 침팬지에게는 빨간 마크, 아시아코끼리에게는 하얀 마크, 까치에게는 빨간 마크와 노란 마크를 사용했다. 모두 실험 동물에게 의미가 있는 마크라고는 보기 어렵다.

마크 테스트에 사용하는 마크에는 실험 대상 동물이 거울을 보지 않는 이상 마크를 알아챌 수 없어야 한다(즉, 후각 자극이나 촉각 자극이 없어야 한다)는 조건이 붙지만 마크의 색깔·형태·크기와 관련해서는 특별한 조건이 없다. 실험 동물에게 의미가 없는 마크라면 마크가 표시되어 있다는 사실을 인식했더라도 그에 신경 쓸 동기가 없거나 부족해 합격률이 떨어질 우려가 있음에도 딱히 조건으로 고려된 바가 없었던 셈이다.

분명히 말하지만 실험 동물이 관심을 나타내지 않는 마크로는 제대로 된 실험을 할 수 없다. 실험 동물이 마크가 너무 신경 쓰인 나머지 만지고 싶거나 떼어내고 싶다고 느낄 만큼 생태학적으로 의미가 있는 마크를 사용한 사례는 마크 테스트 50년 역사에서 청줄청소놀래기 실험이 유일하다. 다른 동물에 비해 청줄청소놀래기가 압도적으로 높은 합격률(94퍼센트, 17/18)을 보인 이유다.

생태적 마크가 아니면 결과는 일정치 않다

거울 자기 인식 실험을 거친 동물은 100종을 훌쩍 넘는다. 그중 마크 테스트를 통과한 동물은 대형 유인원, 코끼리, 돌고래, 까치뿐이고 나머지 대부분은 통과하지 못했다. 유인원 외 원숭이류, 고양이, 개, 돼지, 바다사자, 판다, 대다수의 새 등 나열하자면 끝이 없을 정도다. 그러나 마크 테스트 당시 사용된 마크를 살펴보면 모두 이 동물들에게 의미가 없는 것들이었다.

게다가 마크 테스트를 통과한 동물이라 하더라도 결과가 일정치 않다. 침팬지 마크 테스트는 맨 처음 실험에서 빨간 마크를 사용했다는 점에 착안해 루주 테스트라 불리기도 한다. 현재까지 총 100마리가 넘는 침팬지를 대상으로 실험했지만 합격률은 약 40퍼센트, 절반도 안 되는 개체만이 마크 테스트를 통과했다. 더군다나 이전에 마크 테스트에 합격한 적이 있는 침팬지가 다음 해 실험에서는 합격하지 못하는 일이 비일비재했다. 코끼리 실험에서도 상황은 비슷해서 뉴욕 동물원의 암컷 코끼리 해피는 이미 마크 테스트에 통과했지만 이후 실험에서는 통과하지 못했다. 아마도 실험 당시의 기분이나 관심사가 영향을 미치는 듯하다. 이 밖에도 비슷한 사례는 많다. 요컨대 동물에게 의미 없는 마크를 사용한 실험은 결과가 모호하다.

실제로 청줄청소놀래기에게 의미도 없고 관심사도 아닌 청색 마크와 녹색 마크를 사용했을 때는 1마리도 마크 테스트를 통과하지 못했다. 이처럼 마크의 색깔은 실험 결과를 좌우하는 중대한 문제임에도 여태껏 이에 관한 충분한 논의가 이루어진 적은 없었다.

실험 결과에까지 영향을 미치는 중요한 문제가 오랜 세월 간과된 이유는 무엇일까. 지금껏 거울 자기 인식 연구는 주로 미국과 유럽의 심리학자나 동물심리학자가 수행해왔다. 주요 실험 대상은 인간, 유인원, 기타 영장류, 소형 포유류다. 실험 방법에서는 엄격함을 매우 중시한다. 심지어 침팬지에게 빨간 마크를 사용했다는 이유로 다른 실험 동물에게도 빨간 마크를 사용한다. 동물의 생태나 습성, 즉 생태학적 측면을 고려하는 방식이 우리와는 다른 모양이다.

기존의 마크 테스트는 '관심도 테스트'

마크 테스트에 합격하지 못한 동물은 무수히 많다. 그러나 청줄청소놀래기 실험에서 그들의 청소하는 습성이 고려됐듯 생태적으로 의미 있는 마크를 사용하면 합격 사례는 향후 비약적으로 증가하리라고 본다. 청줄청소놀래기에게 생태적 마크는 기생충이었지만 다른 동물에게 적합한 마크는 각 동물의 습성을 바탕으로 생각해낼 수 있다.

예컨대 돼지나 중형 포유류에게는 등에나 벌의 사진을 인쇄한 스티커가 효과적일지도 모른다. 얇은 의료용 부착 시트에 실물 크기의 컬러 사진을 프린트한다면 제법 쓸 만할 것이다. 대조 실험으로는 아무것도 인쇄되지 않은 투명 스티커를 붙이고 거울을 보여주는 실험과 거울 없이 등에 스티커를 이마나 엉덩이에 붙이는 실험을 실시하는 것이다. 만약 실험 동물이 거울을 통해 몸에 붙은 등에 스티커를 발견한다면 마치 우리가 몸에 앉은 모기를 발견했을 때처럼 즉각 반응하리라고 예상된다. 누군가 이 실험을 수행한다면 나는 최소한 실패하는 일은 없으리라 생각한다(물론 실험 과정에서 몇 가지 사소한 문제는 맞닥뜨릴지도 모르겠지만). 심지어 전 세계 논문을 뒤져봐도 아직은 연구 사례가 드물다.

침팬지를 대상으로 수행한 첫 마크 테스트에서 마크의 한 종류로 빨간 안료가 사용되었다. 빨간 마크 아이디어는 분명 혁신적이었지만 실험 자체의 엄청난 명성 탓에 의미 없는 마크까지 별다른 검토 없이 맹목적으로 답습되면서 오히려 후속 연구에 커다란 걸림돌이 되고 말았다. 실험 대상 동물에게 아무런 의미가 없는 마크를 사용한 테스트는 마크를 향한 흥미도를 테스트하는 '관심도 테스트'와 같다. 여전히 갤럽 교수는 거울 자기 인식을 할 수 있는 동물은 인간과 유인원뿐이라고 주장하지만 관점을 바꾸어 생각해보면 해당 테스트는 인간과 대형 유인원이

다른 동물에 비해 대단히 호기심이 많다는 사실을 보여준 실험이었던 셈이다.

이러한 결과로부터 자의식과 자아의식이 있는 동물은 유인원뿐이라는 결론을 내려다보니 해석이 부자연스러울 수밖에 없다. 생태적 마크를 사용하면 아마도 더 많은 동물이 마크 테스트를 통과하리라고 본다. 그러면 더 넓은 분류군의 동물들이 자아의식을 지닌 존재로 인정받으면서 지금까지 고수돼왔던 동물관은 크게 바뀔 것이다. 인간과 유인원만이 영리하고 그 밖의 동물은 어리석다고 여기는 인간중심주의 동물관이 아니라 척추동물 대부분은 생각 이상으로 영리하다는 동물관, 완전히 새로운 세계관이 등장하는 것이다.

기존의 마크 테스트는 연구 방법이 지닌 문제 탓에 실험이 완전히 정반대의 결론에 도달하는 과정을 보여주는 실례다. 심지어 50년 이상 이어지며 다른 분야는 물론 사람들의 인간관·세계관에도 막대한 영향을 끼쳤다. 죄 많은 학문의 실례라고 하는 편이 맞을지도 모르겠다.

동물은 거울로 공간을 이해할 수 있다?

개, 고양이, 돼지를 '거울의 기능은 이해하나 거울 자기 인식은 하지 못하는 동물'로 규정했던 제3장 3절의 가설도 이제 재검토해볼 필요가 있다.

동물의 공간 인식 실험 결과는 많은 동물이 거울의 성질을 이해하고 있으며 보이지 않는 곳을 보기 위해 거울을 사용할 줄 안다는 사실을 보여준다. 영장류 대부분, 개, 고양이, 돼지, 앵무새, 까마귓과 새들은 거울을 사용해 풀어야 하는 과제를 간단히 해결했다. 요컨대 이 동물들은 거울이 어떤 성질을 지니는지는 알아도 마크 테스트는 통과하지 못했다.

이 실험에서 동물들은 오렌지나 사과 같은 맛있는 간식을 찾는다. 만약 아무런 관심 없는 노란 공이나 빨간 공을 찾아야 한다면 아마 찾더라도 흥미를 보이지 않고 가지러 가려고도 하지 않을 것이다. 그럼 동물들이 거울을 통해 공간을 인식했는지 알 수가 없다. 제대로 된 실험이 불가능한 셈이다. 따라서 실험에서는 동물이 흥미를 느끼지 않는 장치는 절대 사용하지 않는다. 하지만 어쩐 일인지 마크 테스트에서만큼은 의미 없는 마크가 계속 사용되어왔다.

마크 테스트의 조건

지금까지의 이야기를 정리해보자. 마크 테스트에서 사용하는 마크는 실험 동물이 거울을 통해서만 확인할 수 있어야 하고 존재를 깨닫는 순간 신경이 쓰여 견딜 수 없어할 만한 것이 좋다. 반대로 존재를 깨닫더라도 별 관심을 두지 않는 마크로는 애초에 실험이 성립되지 않는다. 마크에 관심을 보이는지를 확인하고 싶다면 본격적인 테스트에 들어가기 전, 실험 동물의 시야에 들어오는 몸 어딘가에 표시를 해보면 된다. 가령 실험 동물이 원숭이라면 손이나 팔에 마크를 미리 표시해 관심을 보이는지를 확인한다. 히말라야원숭이는 테스트 전에 실험 개체의 팔에 마크를 표시해보았지만 관심을 보이지도, 만지지도 않았다는 관찰 결과가 있다. 마크 테스트가 불가능한 마크인 셈이다.

청줄청소놀래기는 몸 측면에 표시된 마크를 자기 눈으로 확인하고는 바닥에 비비대 제거하려 했다. 이처럼 실험 개체가 직접 눈으로 확인했을 때 관심을 보이는 마크가 아니라면 마크 테스트에 '사용하지 말아야' 한다. 마크 테스트의 조건으로 추가해야 하는 조항이다. 직접 눈으로 보고도 관심을 나타내지 않는 마크라면 실험 동물이 마크 테스트를 통과하지 못했다기보다는 출제에 오류가 있었다고 봐야 한다. 고작 마크 색깔에 불과할지언정 결과는 완전히 다를 수 있다. 이제 출제 오류는 바로 잡아야 한다.

마크 테스트의 장애물은 또 있다. 애초에 거울을 쳐다보지 않는 동물은 마크를 볼 수 없다는 점이다. 전술한 고릴라가 좋은 예다. 유인원 중 침팬지, 보노보, 오랑우탄에게서는 일찍이 거울 자기 인식 능력이 확인되었다. 하지만 21세기에 들어선 뒤에도 고릴라만은 어쩐 일인지 마크 테스트를 통과하지 못했다.

연구자들이 당혹스러웠던 이유는 인간과 유연관계*가 더 먼 오랑우탄에게서도 확인된 거울 자기 인식 능력이 분류학적으로 더 가까운 고릴라에게서는 확인되지 않았기 때문이다. 무수히 많은 연구자가 다방면으로 그 원인을 고찰했다.

그러던 중 제3장 2절에서 설명한 대로 인간 손에서 자라 수화로 많은 단어를 표현할 줄 알았던 고릴라 코코는 마크 테스트에 합격했다. 고릴라 사회에서는 상대와 눈을 마주 보는 일을 극도로 꺼린다. 그러나 고릴라 특유의 본성이 옅어진 코코는 거울 속 자기 모습을 정면으로 쳐다볼 수 있었던 덕에 마크 테스트에 합격했다. 일본원숭이나 히말라야원숭이 같은 마카크속 원숭이도 상대와 눈을 마주치지 않는다. 관심을 끌지 못하는 마크에 더해 상대방의 얼굴을 보지 않는 습성도 실험 동물이 마크 테스트를 통과하지 못하는 한 가지 이유다.

청줄청소놀래기의 마크 테스트 통과 소식을 담은 논문이 발표된 이후 전 세계 연구 흐름이 달라지기 시작했다는 느낌을 받는다. 청줄청소놀래기 논문 이후 세계 곳곳에서 거울 자기 인식 연구 논문이 발표되었다. 남아시아 등지에 서식하는 집까마귀와 일본을 비롯한 동아시아에 서식하는 송장까마귀도 거울 자기 인식을 할 수 있다는 연구 결과가 나왔다. 실험 동물이 마크 테스트에 합격하지 못했다는 결론을 담은 논문일지라도 청

* 생물이 분류학적으로 얼마나 멀고 가까운지를 나타내는 관계.

줄청소놀래기 사례를 인용해 마크 방식의 문제를 지적하며 "이 부분을 개선하면 마크 테스트를 통과할 것이다"라고 서술하지 거울 자기 인식을 할 수 없다고 결론짓지는 않는다.

앞으로 인간과 가까운 유인원이나 뇌의 크기가 큰 동물(코끼리, 돌고래, 까마귓과)뿐만 아니라 더 넓은 범위의 척추동물에게서 거울 자기 인식 사례가 확인될 것이다. 뇌 무게가 1그램에도 못 미치는 물고기도 할 수 있는 일이기 때문이다.

제6장

물고기와 인간은 거울에 비친 자기 모습을 어떻게 인식할까?

인간은 거울에 비친 자기 얼굴을 통해 거울상을 자기 모습으로 인식한다. 가슴도, 배도, 손도, 발도 아니고 행동이나 몸짓도 아니다. 얼굴만으로 자신임을 인식하는 것이다. 사실 거울 앞에 섰을 때 인간은 머릿속에 기억하고 있던 자기 얼굴의 이미지와 거울상을 대조하는 과정을 거친다. 얼굴을 통해 다른 이를 식별하는 타자 인식 과정과 매우 유사하다.

거울 자기 인식을 하는 동물은 어떤 방식으로 거울상을 자신의 모습이라고 인식할까. 나는 거울 자기 인식 자체보다 이 주제에 더 구미가 당긴다. 그러나 연구하기가 까다로운 탓인지 동물을 대상으로 이 연구를 진행한 사례는 없는 듯하다. 거울을 본 청줄청소놀래기는 어떻게 거울 속 모습을 자기라고 인식할까. 인간처럼 자기 얼굴을 기억한 뒤 거울상과 비교할까. 아니면 우리는 알지 못하는 물고기만의 방식이 존재할까.

제2장에서 언급한 대로 물고기도 타자 인식을 할 때는 인간처럼 각 개체의 얼굴을 따로따로 기억한 뒤 식별한다. 청줄청소놀래기 역시 얼굴 정보를 통해 타자 인식을 하리라고 추측된다. 만약 인간과 물고기의 타자 인식 방법이 동일하듯 자기 인식 방법도 동일하다면 어떨까. 내 가정이 타당하다면 물고기에게도 자아의식이나 자아가 있다는 말이 되고 이는 곧 데카르트에서 시작된 서양철학이나 종교의 대척점에 서게 됨을 뜻한다.

실험 결과는 청줄청소놀래기도 자기 얼굴을 기반으로 거울 자기 인식을 하고 있다는 사실을 보여줬다! 그야말로 인간과 똑같다. 지금부터 그 연구 과정을 차근차근 설명하겠다.

1. 동물은 거울에 비친 자기 모습을 어떻게 인식할까?

자아의식의 3단계

이번 절에서는 새로운 전문 용어가 연이어 등장한다. 따라서 책에서 가장 까다롭고 이해하기 어려운 부분일 것이다. 아울러 연구자나 책에 따라 사용하는 용어와 정의에 차이가 있다는 점도 염두에 둘 필요가 있다.

동물이 거울 자기 인식을 할 수 있다는 말은 동물에게 모종의 자아의식이 있다는 말과 같다. 이 부분은 연구자들 사이에서도 거의 이견이 없다. 의식이 자기 자신을 향할 때 우리는 자아의식이라는 표현을 쓴다. 책에서 자아의식을 중요하게 여기는 이유는 데카르트의 사상, 즉 스스로를 돌아보는 일(=자아를 의식하는 일)은 인간만이 할 수 있고 기계와 다름없는 동물은 할 수 없다(=자아의식이 없다)는 생각과도 관련이 있다. 물론 서양철학이나 종교에서도 자아의식은 중요한 개념이다. 거울 자기 인식을 할 수 있는 청줄청소놀래기에게는 모종의 자아의식이 있다. 그렇다고 해서 물고기가 인간과 같은 수준의 자아의식을 지닌다고 주장하는 데는 논리적 비약이 있으며 자아의식의 유무만을 따져서는 이야기가 너무 막연해진다. 자아의식 문제의 핵심은 어느 단계의 자아의식에 해당하느냐에 있다.

자아의식은 크게 3단계로 나뉜다. 간단히 정리하면 아래와 같다. 진화 과정에서 등장한 순서 혹은 단순한 순서대로 나열했다고 봐도 무방하다.

① 외면적 자아의식Public Self-awareness: 손, 발, 몸 등 자신의 신체를 인식하는 상태다. 길을 걷다 장애물에 부딪치지 않으려 피하는 행동은 외면적 자아의식이 있어 가능하다. 가장 단순한 단계의 자아의식이다.
② 내면적 자아의식Private Self-awareness: 머릿속에 기억해 둔 자기 이미지(심적 표상)에 비추어 자신을 인식하는 상태다. 스스로의 내면을 들여다보는 자아의식이며 외면적 자아의식보다 고차원에 해당한다. 자기 자신을 돌이켜보는 '마음'이 있는 상태이기도 하다.
③ 성찰적 자아의식Meta Self-awareness: 자신에게 내면적 자아의식이 있다는 사실을 스스로 자각하고 인식하는 상태다. 물론 인간에게는 성찰적 자아의식이 있지만 동물에게서 검증된 예는 거의 없다.

거울 자기 인식에 필요한 자아의식

거울 자기 인식을 예로 들어 차례차례 자세하게 들여다보자.

먼저 외면적 자아의식이다. 이와 관련해 거울을 본 동물이 거울상의 움직임과 자신의 움직임 간 수반성을 확인함으로써 자기 인식을 한다는 가설이 있다. '가설'이라는 용어를 쓴 이유는 거울 자기 인식이 외면적 자아의식에 기반해 일어난다는 것을 명확하게 증명해낸 사례가 없었기 때문이다. 이 가설을 달리 표현하면 "거울을 본 동물은 자신의 움직임과 거울상의 움직임 간 동조성을 눈으로 확인하면서 거울상을 '나와 똑같이 움직이는 존재'로 인식한다"가 된다.

예컨대 청줄청소놀래기가 거울 자기 인식 2단계에서 기묘한 춤을 추며 거울상의 움직임을 확인하는 행동을 보였을 때가 여기에 해당한다. 움직임의 동조성을 통해 거울상을 인식하므로 내면적 자아의식에서 필요한 자기 이미지 없이도 자신을 인식할 수 있다. 그러나 이 인식 방법대로라면 거울을 마주할 때마다 혹은 매일 아침 눈뜰 때마다 매번 움직임의 동조성을 확인해야 한다. 그러나 2단계가 지나고 나면 청줄청소놀래기는 거울상의 움직임을 확인하는 행동을 하지 않는다. 3단계에 이르러 마크 테스트에 합격할 무렵에는 침팬지든 청줄청소놀래기든 움직임의 동조성을 확인하지 않고도 거울을 보는 순간 거울상이 자신임을 알고 있는 양 행동한다. 적어도 3단계에서의 자아의식은 외면적 자아의식이 아닌 듯 보인다. 그러나 이때도 청줄청소놀래기의 움직임과 거울상의 움직임에 동조성이 있다는 사실에는 변함이 없으므로 거울 자기 인식이 외면적 자아의식으로 일어난다는 생각을 완전히 부정할 수는 없다.

다음으로는 내면적 자아의식을 살펴보자. 인간은 거울에 비친 자기 얼굴을 바탕으로 거울 자기 인식을 한다. 자기 얼굴을 이미지화(심적 표상=심상mental-representation)해 머릿속에 기억해두었다가 무의식적이고 즉각적으로 거울상과 비교하면서 자신임을 인식하는 것이다. 매일 아침 거울 앞에서 이상한 행동을 하며 동조성을 확인하지는 않는다.

이처럼 인간은 거울 속 모습을 자기 이미지(자기 심상)와 비교하는 과정을 통해 자신을 인식한다. 요컨대 자기 존재를 이미지로 인식하는 자아의식, 즉 '내면적 자아의식'이다. 굳이 얼굴 심상이 아니더라도 자신과 관련 있는 심상이 있다면 내면적 자아의식이 생겨난다. 내면적 자아의식은 자신이 어떤 존재인지를 이해하고 타자와 다른 존재라는 사실을 인식하는 자아 개념self-concept으로 이어진다. 내면적 자아의식과 자아 개념이 머무는 인간의 '마음'은 각자가 경험이나 느낌을 통해 인지하고 있으리라 생각한다.

외면적 자아의식일까, 내면적 자아의식일까

갤럽 교수는 침팬지 거울 자기 인식 실험에서 거울 자기 인식을 할 수 있는 동물은 내면적 자아의식을 지닌다고 일반화했다. 나는 직감에 따른, 나쁘게 말하자면 믿음에 가까운 갤럽 교수의 주장이 타당하다고 본다. 갤럽 교수와는 늘 부닥치기만 하지만 때로는 뜻이 맞는 부분도 있는 셈이다. 마크 테스트 당시 침팬지도, 청줄청소놀래기도 행동의 수반성을 따로 확인하지 않으므로 내면적 자아의식이 있다고 볼 수 있을 것이다.

다만 갤럽 교수의 의견과 달리 마크 테스트를 통해 내면적 자아의식의 존재 여부가 증명되었다고는 생각하지 않는다. 인간은 자기 '얼굴'의 심상을 이용해 거울 자기 인식을 한다. 따라서 내면적 자아의식이 있다고 말할 수 있다. 그러나 지금까지 수행되었던 동물 거울 자기 인식 실험만으로는 실험 동물이 자기 심상을 지닌다고 단언할 수 없다. 동물에게 내면적 자아의식이 있다고 주장하려면 동물이 인간과 마찬가지로 자기 심적 표상을 바탕으로 거울 자기 인식을 한다는 증거를 제시할 필요가 있다. 엄밀히 말해 마크 테스트 합격만으로는 자기 심상을 갖고 있는지 없는지를 알 수 없다. 지금껏 거울 자기 인식 능력이 확인된 동물들이 자기 심상을 지닌다는 사실을 증명할 만한 직접적인 증거는 나오지 않았다.

동물에게 외면적 자아의식이 있다는 가설과 내면적 자아의식이 있다는 가설은 오랜 세월 논쟁이 되어왔지만 어느 쪽이 타당한지는 여전히 알 수 없다. 결론을 내리려면 동물의 거울 자아 인식 프로세스를 확인하면 되는데 아직은 진행된 연구가 없다. 애초에 거울 자기 인식 능력이 있는 수많은 동물 중에서도 마크 테스트를 통과하는 실험 개체는 일부에 그쳐 지금도 많은 이의 관심은 동물이 마크 테스트를 통과하는지에 집중되어 있다.

인간처럼 실험 개체 대부분이 거울 자기 인식을 할 수 있는 동물은 현재 기준으로 청줄청소놀래기가 유일하다. 게다가 침팬지, 코끼리, 돌고래에 비해 사육이 무척 쉽고 여러 개체를 동시에 관리할 수도 있다. 따라서 청줄청소놀래기 실험의 다음 과제는 물고기가 거울에 비친 자기 모습을 어떤 프로세스를 거쳐 인식하는지를 해명하는 것이다. 이 부분을 해결해야 동물에게 내면적 자아의식이 있는지, 즉 '마음'이 있는지와 관련한 논의의 실마리가 풀린다. 아직 어떤 동물에게서도 해명된 적 없는 연구를 이제 막 시작하려는 참이다.

자기 얼굴 심상 인식 가설

동물이 내면적 자아의식을 지니는지, 즉 자기 이미지(자기 심상)를 지니는지는 어떻게 확인할 수 있을까.

이미 살펴본 대로 동물이 외면적 자아의식을 통해 거울 자기 인식을 한다는 가설은 '거울을 본 동물은 거울상과 자신 간의 수반성을 확인함으로써 자기 인식을 한다'라는 이해에 기반을 둔다. 그렇다면 움직이지 않는 자기 모습을 보고도 자기임을 인식한다는 사실을 증명해 보이면 그만이다. 물고기가 정지해 있는 자기 사진을 보고 '이건 나다'라고 판단할 수 있음을 보이면 거울 자기 인식도 움직임의 동조성이 아니라 기억 속에 있는 자기 모습을 바탕으로 한다고 말할 수 있다.

여기서 나는 한 걸음 더 나아간 가설을 제창하고자 한다. 바로 자기 얼굴 심상 인식 가설, 다시 말해 청줄청소놀래기는 자기 얼굴의 심상을 바탕으로 자기를 인식한다는 가설이다. 내 가설이 타당하다면 청줄청소놀래기의 자기 인식 방법은 인간의 자기 인식 방법과 상당히 유사하거나 동일하다.

우리 인간은 거울을 볼 때 특히 얼굴을 유심히 본다. 아침에 일어나 세면대에서, 혹은 집을 나서는 엘리베이터에서 거울을 보는 각자의 모습을 떠올려보기 바란다. 시선은 분명 얼굴을 향해 있고 그 외 몸, 손, 발, 가슴, 배, 허리 등은 보지 않을 것이다(세면대 거울은 얼굴을 점검하는 목적으로 설치된다). 게다가 우리는 타자 인식을 할 때도 상대방의 얼굴을 기준으로 개개인을 식별한다. 이처럼 인간은 얼굴 심상에 기반해 타자 인식과 자기 인식을 한다. 나는 이 유사성이 결코 우연이 아니라고 생각한다.

제2장에서 소개한 바와 같이 탕가니카 호수의 시클리과 물고기 풀처와 남미에 서식하는 디스커스를 비롯해 사회성 높은 물고기 대다수는 인간과 마찬가지로 개체별 변이가 나타나는 얼굴을 통해 다른 개체를 인식한다. 인간뿐만 아니라 물고기의 타자 인식에서도 얼굴은 특별한 의미를 지닌다.

청줄청소놀래기도 상대 개체의 얼굴 정보를 이용해 타자 인식을 할 가능성이 크다. 아울러 거울 자기 인식도 인간처럼 자기 얼굴 정보를 바탕으로 하지 않을까 예상된다. 만약 청줄청소놀래기가 얼굴을 통해 타자 인식을 하고 '자기 얼굴 심상 인식 가설'대로 자기 얼굴의 이미지를 이용해 거울 자기 인식을 한다면 물고기에게는 내면적 자아의식이 있다고, 더 나아가 물고기의 내면적 자아의식이 인간의 내면적 자아의식과 동일하게 작용한다고 말할 수 있지 않을까. 곧장 가설을 검증할 실험을 수행했다. 지금부터 이 두 가지 명제를 차례로 설명한 뒤 자아의식의 마지막 단계인 성찰적 자아의식을 다루겠다.

청줄청소놀래기가 어떤 방식으로 다른 개체를 식별해내는지는 아직 알려지지 않았다. 먼저 청줄청소놀래기가 그룹 내의 친한 개체를 어떻게 알아보는지부터 살펴보자.

2. 청줄청소놀래기는 자기 얼굴을 이미지화해 기억할까?

청줄청소놀래기도 얼굴로 타자 인식을 한다

자연 상태의 청줄청소놀래기가 시각 정보를 통해 같은 하렘 안에서 반복적으로 마주치며 친하게 지내는 개체들을 따로따로 식별한다는 사실은 분명하다. 그럼 청줄청소놀래기도 다른 물고기들처럼 상대 개체를 얼굴로 식별할까. 얼핏 봤을 때 청줄청소놀래기의 얼굴에는 풀처나 구피와 같이 눈에 띄는 무늬가 없다. 다만 몸 측면에 가로 방향으로 난 검은 선 형태에는 변이가 있다. 혹시 청줄청소놀래기는 얼굴이 아닌 몸에 있는 무늬로 개체를 식별하는 걸까. 하지만 많은 물고기가 얼굴로 다른 개체를 식별한다는 점을 고려했을 때 청줄청소놀래기만 얼굴 이외의 부위로 개체 식별을 하리라고는 여겨지지 않는다.

일단 청줄청소놀래기의 얼굴을 자세히 뜯어보자(그림 6-1, 책머리 그림 6). 확대해서 잘 관찰해보니 얼굴 중에서도 볼을 중심으로 자잘한 주근깨 무늬가 흩뿌려져 있고 분포 패턴에는 미묘한 개체 변이가 있다. 예상했던 대로다. 심지어 주근깨가 분포한 부위는 얼굴이고 몸이나 꼬리 쪽에는 나타나지 않는다. 그렇다면 청줄청소놀래기는 주근깨를 비롯한 얼굴의 색 변이를 통해 각 개체를 식별할 가능성이 있다. 우리 눈에는 지극히 미세한 변이이지만 시력이 좋기로 알려진 그들이라면 차이를 구별해낼지도 모른다. 이제 얼른 실험을 해보자.

크기가 같은 청줄청소놀래기 개체끼리는 영역을 다툰다. 따라서 같은 크기의 개체 2마리를 수조에 각각 나누어 넣고 나란히 두면 유리 벽을 사이에 두고 서로 격렬하게 공격을 해댄다. 그러나 4~5일이 지나면 서로에게 너그러워져 친애하는 적대 관계가 형성된다. 이유는 제2장의 풀처 실험에서도 서술했듯 영역 경계가 안정됨과 동시에 개체 식별을 통해 신뢰 관계가 형성되었기 때문이다. 예비 실험을 해보니 3일 이후부터는 서로를 이웃으로 인식하고 제법 관대한 태도를 보였지만 낯선 개체에게는 여전히 공격성을 드러냈다. 풀처 실험 때와 거의 같은 결과다.

나란히 배치한 2개의 수조 5쌍, 총 10개 수조에 청줄청소놀래기를 각각 넣고 4일을 보내며 친애하는 적대 관계를 형성시켰다. 사전에 찍어둔 이웃의 얼굴 사진과 낯선 개체의 얼굴 사

그림 6-1 청줄청소놀래기의 얼굴에 나타난 색 변이와 전신사진. 볼 언저리를 중심으로 주근깨 같은 무늬가 흩어져 있고 개체 변이가 나타난다.

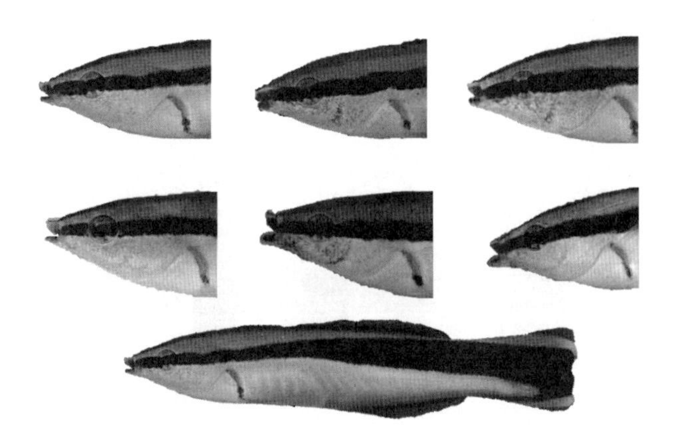

진을 사용해 모델을 만들고 실험 개체에게 보여주었다. 이 실험의 목적은 청줄청소놀래기의 개체 인식 기준이 얼굴 정보인지를 확인하는 것이므로 모델의 몸은 공통적으로 제삼자 청줄청소놀래기의 사진을 사용했다. 만약 청줄청소놀래기가 얼굴 무늬로 개체 식별을 한다면 제삼자의 몸과 상관없이 이웃의 얼굴을 한 모델에게는 너그럽고 낯선 개체의 얼굴을 한 모델에게는 공격적인 태도를 보여야 한다.

실험 결과는 그림 6-2에서 확인할 수 있듯 낯선 개체의 얼굴을 한 모델에게는 격렬한 공격을 퍼부었지만 이웃의 얼굴을 한 모델에게는 그러지 않았다. 요컨대 청줄청소놀래기도 이웃인지 낯선 개체인지를 식별할 때는 상대의 얼굴을 본다. 예상과

그림 6-2 동일한 제삼자의 몸에 자기 얼굴, 이웃의 얼굴, 낯선 개체의 얼굴을 합성해 모델을 만들고 실험 개체에게 5분 동안 보여주었을 때의 공격 빈도. a, b, c는 각 수치 간 유의차를 의미한다.

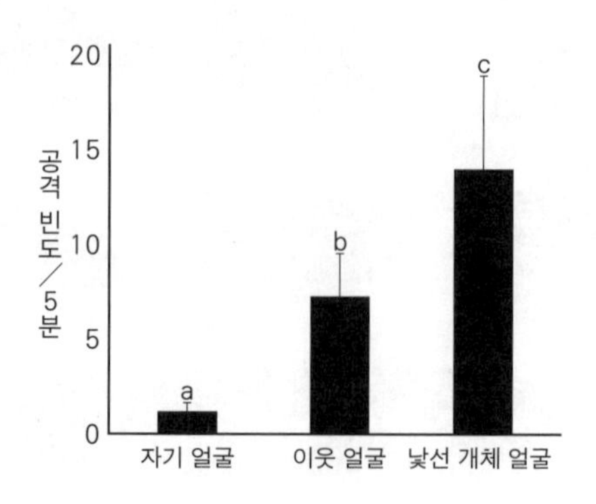

완전히 일치하는 결과였다. 청줄청소놀래기 역시 제2장에서 소개한 다른 물고기들과 마찬가지로 이웃의 얼굴과 이웃의 얼굴 심상을 비교해 개체 인식을 한다.

상대 개체의 얼굴 정보에 기반을 둔 청줄청소놀래기의 타자 인식 방법은 인간과 침팬지가 집단 내에서 다른 개체를 식별하는 방법과 같다. 인간은 누구나 머릿속에 얼굴 심상을 기억하고 있고 이를 바탕으로 타자 인식도, 거울 자기 인식도 해낸다. 그렇다면 청줄청소놀래기 역시 자기 얼굴 자체를 인식해 '마음'속에 있는 얼굴 심상과 비교하며 거울 자기 인식을 할지도 모른다. 즉, 앞에서 제창한 '자기 얼굴 심상 인식 가설'과 맞아떨어질 가능성은 충분히 열려 있다. 만약 그렇다면 정말 대사건이다. 처음으로 동물이 인간처럼 내면적 자아의식을 지닌다는 사실이 증명되기 때문이다.

얼굴 심상을 통한 개체 식별이 지니는 의미

이쯤에서 얼굴 심상을 통해 다른 이나 자신을 식별한다는 말의 의미를 짚고 넘어가고자 한다.

이미 언급했듯 나는 다른 이의 얼굴 정보를 통한 인간의 타자 인식과 자기 얼굴 정보에 기반한 인간의 거울 자기 인식 간의 유사성은 결코 우연이 아니라고 생각한다. 자기 심상을 바탕으로 거울 속 자기 모습을 식별하는 동물은 내면적 자아의식을 지닌다. 이때 인간이든 물고기든 자기 심상의 핵심은 '얼굴'로 추측된다.

'얼굴 심상'은 중요한 용어다. 다른 개체를 식별하려면 각각의 개체를 따로 기억할 필요가 있다. 타자 인식을 할 때 기억 속에 있는 상대방의 얼굴로부터 '얼굴 심상'이 형성된다. 마치 '마음'에 있는 상대방 얼굴의 거푸집과 같다. 상대방의 얼굴이나 얼굴 사진을 보면 무의식적이고 순간적으로 거푸집과 대조해 누구인지를 판단한다. 거푸집이 있다는 자각이나 대조 작업을 하고 있다는 인식은 없다. 따라서 우리는 상대방의 얼굴을 본 순간 누구인지 그냥 알겠다고 느낀다. 이때 거푸집, 즉 심상은 각자의 경험에 따라 형성된 특유의 기억이며 심상이 없다면 타자 인식은 불가능하다.

정리하자면 우리가 상대방을 보고 곧장 누구인지 알아볼 수 있는 이유는 얼굴 심상을 기억하고 있기 때문이다. 마찬가지로 타자 인식을 하는 청줄청소놀래기가 이웃 개체의 얼굴 사진을 보고 금방 이웃이라고 인식할 수 있는 이유도 이웃의 얼굴 심상을 지니고 있기 때문이다.

사진으로 자기 인식을 할 수 있다

지금까지의 연구를 통해 청줄청소놀래기가 얼굴 정보를 바탕으로 다른 개체를 식별해낸다는 사실을 알았다.

그렇다면 거울 속 자기 모습은 어떻게 알아볼까? 자신의 거울상 역시 얼굴을 통해 식별한다는 것이 증명되면 물고기에게도 자기 얼굴 심상이 있다는 사실, 나아가 인간과 같은 내면적 자아의식이 있다는 사실이 증명된다. 청줄청소놀래기의 '자기 얼굴 심상 인식 가설', 즉 얼굴을 통해 거울 속 자기 모습을 알아본다는 가설을 검증해보자.

먼저 실험 방법부터 자세하게 설명하겠다. 거울을 접한 적 없는 청줄청소놀래기 실험 개체의 전신사진을 찍는다. 마찬가지로 실험 개체가 만난 적 없는 낯선 개체의 전신사진도 찍는다. 두 사진을 실물 크기, 고해상도로 인쇄한 뒤 코팅한다. 여전히 거울을 접하지 않은 상태의 실험 개체에게 수조 유리 벽 너머로 자기 사진과 낯선 개체의 사진을 각각 보여준다. 실험 개

그림 6-3 거울을 접한 적 없는 개체에게 자기 사진(SS)과 낯선 개체의 사진(UU)을 보여주었을 때 반응. 그리고 마크 테스트를 통과한 후 자기 사진(SS), 낯선 개체의 사진(UU), 자기 얼굴에 낯선 개체의 몸 합성 사진(SU), 낯선 개체의 얼굴에 자기 몸 합성 사진(US)을 보여주었을 때 반응. a와 b는 같은 문자끼리는 유의차가 없고 다른 문자 사이에는 유의차가 있다.

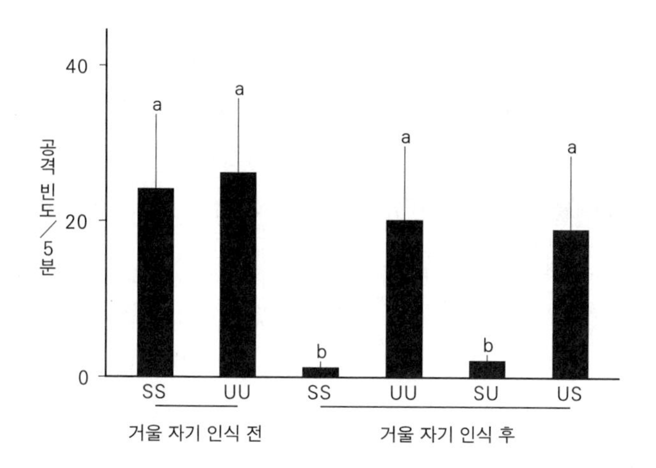

체는 아직 거울로 자기 모습을 본 적이 없기 때문에 아마도 자기 사진을 낯선 개체의 사진이라고 여길 것이다. 예상대로 10마리의 실험 개체는 자기 사진이든 낯선 개체의 사진이든 똑같은 빈도로 격렬하게 공격했다(그림 6-3의 '거울 자기 인식 전' 결과). 처음 마주한 자기 모습을 생판 남이라고 생각하는 셈이다.

이어 실험 개체 10마리에게 앞에서 했던 대로 약 일주일 동안 거울을 보여주었다. 거울을 보여준 첫날과 이튿날에는 거울상을 상대로 끊임없이 공격을 퍼부었지만 셋째 날이 되자 공격 횟수를 줄이고 부자연스러운 확인 행동을 자주 하더니 이내 거울 속 모습을 들여다보기 시작했다. 여기까지 관찰한 시간 흐름에 따른 행동 변화는 대체로 지금까지 알던 그대로다. 거울상을 들여다보기만 할 뿐 전혀 공격 행동을 보이지 않는 5일 차 무렵에는 거울 속 자기 모습을 인식했다고 여겨진다. 이번 실험의 핵심은 공격을 멈춘 이유가 얼굴을 통해 거울 속 자기 모습을 알아봐서인지(내면적 자아의식 가설), 아니면 항상 똑같이 행동하는 거울상의 수반성을 통해 자신임을 인식해서인지(외면적 자아의식 가설)를 해명하는 일이다. 실험을 통해 두 가지 가설 중 어느 쪽이 타당한지 밝히고자 한다.

본격적인 실험에 앞서 마크 테스트를 통해 10개체가 거울 자기 인식을 할 수 있다는 사실을 증명할 필요가 있다. 청줄청소놀래기가 거울 속 자기 모습을 인식했다고 판단되는 6일 차 밤, 실험 개체를 마취하고 앞선 실험과 같은 방법으로 턱 밑에 기생충을 닮은 갈색 마크를 표시한 다음 원래의 수조로 되돌려 보냈다. 다음 날 아침, 영상 관찰을 시작했다. 턱 밑에 갈색 마크가 있더라도 거울을 가려둔 상태에서는 어느 개체도 턱 밑을 바닥에 비비대지 않았다. 그러나 거울을 보여주자 예상대로 10마리 모두가 빈번하게 턱 밑을 비비댔다. 일단 한숨 돌렸다.

다른 동물의 마크 테스트에서 결과가 이렇게 나왔다면 크게 흥분할 일이지만 청줄청소놀래기 실험 개체들이 마크 테스트를 전원 통과하는 일은 어느덧 본 실험의 전제 조건을 확인하는 과정이자 당연한 결과일 뿐 기쁘기야 할지언정 그다지 큰 경사는 아니었다. 어쨌든 이로써 청줄청소놀래기의 마크 테스트 합

그림 6-4 자기 얼굴에 낯선 개체의 몸 합성 사진(SU)과 낯선 개체의 얼굴에 자기 몸 합성 사진(US)을 만드는 법

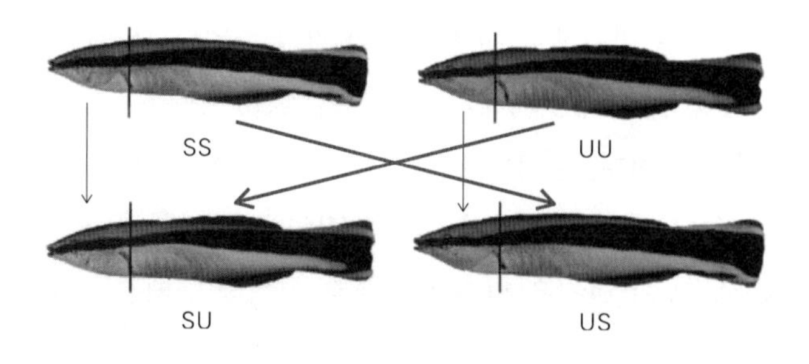

격 개체 수는 총 28마리 중 27마리, 합격률은 96.4퍼센트가 되었다.

테스트를 통과한 10마리의 개체로 드디어 본 실험, 자기 얼굴 제시 실험에 들어갔다. 자신의 전신사진(SS=Self-face and Self-body), 낯선 개체의 전신사진(UU=Unknown face and Unknown body), 자기 얼굴에 낯선 개체의 몸 합성 사진(SU=Self-face and Unknown body), 낯선 개체의 얼굴에 자기 몸 합성 사진(US=Unknown face and Self-body), 총 4장의 사진을 준비했다(그림 6-4). 그리고 각 실험 개체에게 사진 4장을 무작위로 보여줬다. 한 번에 사진 1장을 5분씩 보여주고 사진에 익숙해지지 않도록 다음 사진은 이틀 뒤에 보여줬다. 실험 결과는 그림 6-3의 '거울 자기 인식 후'에 표시했다.

거울을 보여주기 전에는 자신의 전신사진(SS)을 낯선 개체라고 여기고 거세게 공격했지만 거울 자기 인식 후에는 공격 행

동이 거의 나타나지 않았다. 반면 낯선 개체의 전신사진(UU)은 거울 자기 인식 후에도 격렬하게 공격했고 공격 강도는 거울 자기 인식 전과 비교했을 때 유의미한 차가 없었다. 이 말은 거울 자기 인식 후에 실험 개체의 공격성이 감소하는 일은 일어나지 않았다는 뜻이다. 실험이 진행되는 동안 실험 개체가 본 동종 개체는 자신의 거울상뿐이었다. 틀림없이 10마리의 청줄청소놀래기는 자기 사진을 자기 모습으로 인식했기 때문에 공격하지 않은 것이다. 이번 결과는 가히 경사라 할 만했다.

심지어 자기 사진과 낯선 개체의 사진을 공격한 빈도가 무척 큰 차이를 보였다. 자기 사진은 거의 공격하지 않았을뿐더러 그나마 몇 번 있는 공격 행동도 사진을 처음 보여줬을 때만 나타났고 5분 중반을 넘어서자 자취를 감추었다. 반면 낯선 개체의 사진은 지금까지와 마찬가지로 사진을 보여주기 시작한 순간부터 5분이 다 지날 때까지 끊임없이 공격했다. 이 현상은 자기 사진을 자기 모습이라고 인식하는 데 약간 시간이 걸리고 낯선 개체는 끝까지 낯선 개체로 인식한다고 생각하면 수긍이 간다. 조금 전에도 썼듯 청줄청소놀래기는 실험 도중 자신의 거울상 외에는 동종 개체를 접하지 않았다. 따라서 청줄청소놀래기가 자기 사진을 공격하지 않은 이유는 '자기 사진을 보고 자신임을 알아봐서'라고 밖에는 설명할 도리가 없다. 거울 자기 인식을 할 수 있는 동물이 자기 사진을 자기 모습으로 인식한다는 사실을 세계 최초로 확인한 것이다.

이번 실험에서 또 한 가지 중요한 점은 거울 자기 인식 전이든 후든 자기 사진도 낯선 개체의 사진도 움직임이 일절 없다는 사실이다. 상대의 움직임이 아니라 사진에 담긴 시각 정보만으로 공격 여부를 판단했다. 움직임의 동조성이나 수반성은 관계가 없었다. 곧, 청줄청소놀래기는 외면적 자아의식이 아니라 내면적 자아의식을 통해 거울 자기 인식을 하고 있다는 사실이 증명됐다.

얼굴 정보로 식별한다!

이제 실험의 가장 중요한 목적, 청줄청소놀래기가 자기 모습을 얼굴 정보만으로 식별해내는지를 검토해보자(그림 6-3). '자기 얼굴에 낯선 개체의 몸 합성 사진(SU)'은 자기 사진과 마찬가지로 거의 공격하지 않는다. 공격하더라도 사진을 보여준 직후 1분간만 지속했다. 한편 '낯선 개체의 얼굴에 자기 몸 합성 사진(US)'은 낯선 개체의 사진과 다름없이 거센 공격을 가했다. 공격은 5분 내내 이어졌다.

이러한 행동은 청줄청소놀래기가 사진 속 얼굴만으로 자신과 다른 개체를 식별하고 있음을 대변해준다. 청줄청소놀래기 역시 다른 개체를 식별할 때든 거울 속 자신을 알아볼 때든 '얼굴'을 기준으로 삼고 있었던 것이다. 실험은 대성공이다! 인간 외 동물이 자기 얼굴을 인식한다는 사실을 보여준 세계 최초의 사례다. 그림 6-1, 책머리 그림 6과 같이 주근깨가 흩뿌려진 얼굴을 청줄청소놀래기가 거울로 보고 '이게 내 얼굴이다'라고 인식했다. 그야말로 역사적 성과다!

다만 여기까지의 실험에서는 청줄청소놀래기가 자기 얼굴을 한 물고기 사진을 친한 개체(가령 친애하는 적대 관계에 있는 이웃)라고 여기고 있을 가능성이 남아 있다. 확률이 높지는 않지만 이론적으로 완전히 부정할 수는 없다. 주의하고 또 주의하자. 갤럽 교수가 논문을 보고 또 꼬투리를 잡을지도 모른다.

자기 얼굴을 보고 친한 이웃으로 생각하는지를 확인하기 위해 ①자기 얼굴 ②이웃 얼굴의 사진을 준비해 동일한 제삼자 물고기의 몸 사진에 합성하고 청줄청소놀래기의 반응을 비교했다. 청줄청소놀래기는 얼굴 정보만으로 상대를 인식하기 때문에 얼굴 부분을 바꿔치기한 사진만 있으면 실험하기에는 충분하다. 핵심은 자기 얼굴 사진을 봤을 때와 이웃 얼굴 사진을 봤을 때 반응 차이다. 만약 구별해낸다면 반응은 달라야 한다. 실험 결과, 자기 얼굴 사진은 거의 공격하지 않았다. 그러나 친하다고는 해도 여전히 남인 이웃 얼굴 사진은 빈번하지는 않지만 유의미한 차가 보일 정도로 공격했다(그림 6-2). 실험 결과로부터 청줄청소놀래기는 자기 얼굴과 이웃의 얼굴을 구별한다는 결론을 도출할 수 있었다.

이웃 얼굴 사진을 향한 공격은 낯선 개체 얼굴 사진을 향한 공격에 비해 횟수는 분명 적지만 실험하는 5분 내내 꾸준히 공격한다는 점은 같았다. 반면 자기 얼굴 사진을 향한 공격은 처음 20초 안에 70퍼센트가 이루어지고 남은 30퍼센트도 1분 안에 끝난다. 낯선 개체와 견주면 이웃에게 더 너그럽기는 해도 여전히 공격은 한다. 이웃이라고 해도 언제든 자기 영역에 침입해올 수 있으니 기본적으로는 위험을 내포하기 때문이다. 낯선 개체는 위험 수준이 가장 높으므로 공격이 거세다. 반면 자기 얼굴을 보고 위험을 느끼는 사람은 아무도 없다. 아마 청줄청소놀래기도 같은 생각인 모양이다. 실험 결과는 청줄청소놀래기가 자기 얼굴 사진을 '이상한 이웃'으로 인식하지 않는다는 사실, 다시 말해 자기 얼굴임을 인식하고 있다는 사실을 잘 보여준다.

거울 자기 인식 프로세스

아마 청줄청소놀래기는 거울상이 자신인지를 확인하는 수반성 확인 행동 과정에서 '이건 나다. 내 얼굴은 이렇게 생겼구나'라고 깨달으며 자기 얼굴의 심상을 형성했으리라 추측된다(사실 내적 언어inner speech라고 불리는 마음속 혼잣말을 동물에게 함부로 적용해서는 안 된다. 나는 혼잣말까지는 아니더라도 동물들이 이와 비슷하게 자기 얼굴 심상을 이미지화·추상화하여 파악하고 있다고 생각한다). 요컨대 청줄청소놀래기는 거울상을 보고 인간처럼 자기 얼굴 심상을 형성한다. 그리고 멈춰 있는 자기 얼굴 사진을 자기라고 알아봤다는 점을 고려하면 청줄청소놀래기가 자기 얼굴 심상을 바탕으로 거울 자기 인식을 한다는 사실은 이제 흔들리지 않는 진실로 봐야 한다. 이쯤이면 제아무리 갤럽 교수라 하더라도 청줄청소놀래기의 거울 자기 인식 능력만큼은 부정할 수 없을 것이다.

이번 실험 결과에서 사진 속 물고기는 당연히 모두 정지해 있는 상태였고 청줄청소놀래기는 움직임의 수반성으로 자기 인식을 하지 않았다. 바꾸어 말해 '수반성 인식(외면적 자아의식) 가설'은 적합하지 않다는 사실, 아울러 '자기 얼굴 심상 인식 가설'이 타당하다는 사실이 동물을 대상으로 한 실험에서 처음으로 증명되었다. 따라서 물고기도 자기 얼굴 심상을 지니며 인간처럼 내면적 자아의식과 자아 개념도 지닌다는 결론을 내릴 수 있다. 누구도 예상치 못했던 이번 실험 결과는 파급력의 측면에서 봤을 때 상당히 중요한 발견이라고 할 수 있다. 무척 고무된 우리 연구팀은 연구실에서 연신 축배를 들었고 고급 고깃집에서 파티도 했다.

갤럽 교수는 자기 심상에 기반한 거울 자기 인식이야말로 동물에게 자아의식이 있음을 보여주는 증거이며 이때 동물의 자아의식은 인간의 내면적 자아의식과 비슷하다고 주장한다. 거울 자기 인식을 할 수 있는 유인원, 아시아코끼리, 큰돌고래, 까치 등은 모두 청줄청소놀래기와 마찬가지로 거울상이 자신인지를 확인하려고 부자연스러운 확인 행동을 한다. 거울 속 모습과 자기 모습 사이의 수반성을 확신하는 과정에서 외면적 자아의식이 드러나고 거의 동시에 자기 얼굴 심상도 형성된다고 여겨진다. 수반성·동조성에 따른 외면적 자아의식과 자기 심상에 따른 내면적 자아의식은 둘 중 하나를 선택하는 문제라기보다는 거울 자기 인식 과정에서 연속적으로 드러난다고 봐야 한다. 아마 거울 자기 인식을 할 수 있는 모든 척추동물에게 해당하는 이야기일 것이다.

자아의식의 기원 '자아의식 상동 가설'

청줄청소놀래기에게도 인간과 마찬가지로 '이건 내 몸이다'라는 의식이 있다. 거울 없이도 볼 수 있는 몸 측면에 기생충 모양 마크를 표시했을 때 청줄청소놀래기는 '기생충'을 비비대 떼어내려 했다. 이 행동은 눈에 보이는 몸 측면을 자기 자신의 일부로 여기고 있음을 보여준다. 자기 몸이니까 기생충을 떼려고 하는 것이다. 우리도 손, 발에 앉은 모기를 발견하면 잡으려 든다. 자기 몸을 인지하는 청줄청소놀래기의 신체 감각은 우리 인간과 크게 다르지 않으리라 추측된다. 어느 척추동물이든 자기 몸에 불쾌한 무언가가 붙어 있다는 감각을 인지한다. 가령 코끼리나 돼지도 엉덩이 근처가 가려우면 나무나 바위를 이용해 능숙하게 긁는다.

척추동물의 신체 감각이나 신체 의식이 긴 세월 이어져온 진화 과정 도중에 단절되었으리라고는 생각하기 어렵다. 신체 감각 역시 물고기 대에서 이미 형성되기 시작해 자손인 육상 척추동물에게서도 널리 나타난다고 봐야 한다. 아마 신체 감각과 연관된 '신체 지도'의 신경회로는 기본적으로 같을 것이다. 다시 말해 신체 감각에 대한 자아의식의 기원은 척추동물 전체를 통틀어 같다. 나는 자기 얼굴 사진 실험으로 밝혀낸 내면적 자아의식을 비롯한 물고기와 인간의 자아의식이 동일한 기원을 갖는다고 보는 '자아의식 상동 가설'을 제안한다.

돌고래, 코끼리, 까치의 거울 자기 인식 능력을 확인한 논문에서 저자들은 이 능력이 인간이나 유인원과는 별개로 각 동물의 사회성 발달 과정 중 독자적으로 진화했다고 보았다. 앞서 밝혔듯 나는 이들의 주장에 동의하지 않는다. 자아의식 상동 가설이 그 이유다. 자아의식 상동 가설에서는 척추동물 자아의식의 큰 틀이 물고기 대에서 진화해 여러 육상 척추동물과 인간에게 계승되었다고 본다. 이번에도 기존 사고방식과 대척점에 서고 말았으니 당분간은 갈릴레이의 시련이 계속될 듯싶다.

자아의식 상동 가설은 지금껏 누구도 생각한 적 없을뿐더러 미국과 유럽의 영장류학자나 심리학자가 들으면 어처구니없어하며 고개를 저을 만한 주장이다. 그러나 제1장에서 살펴본 척추동물 뇌 진화를 떠올려보기 바란다. 물고기 대에서 이미 뇌의 기본 구조, 각종 감각기관과 연결된 뇌신경은 완성되어 있었다. 뇌신경과학의 성과를 바탕으로 생각해봤을 때 '얼굴 인식 상동 가설'(3절 참조)과 함께 '자아의식 상동 가설' 역시 아예 있을 수 없는 이야기는 아니다. 고난이 있을지라도 나는 앞으로 자아의식 상동 가설 연구를 이어나갈 생각이다.

청줄청소놀래기에게 '성찰적 자아의식'이 있을지도

청줄청소놀래기의 거울 자기 인식 프로세스와 인간이나 침팬지의 거울 자기 인식 프로세스는 얼마나 유사할까?

턱 밑의 마크를 떼어내려 애쓰는 청줄청소놀래기는 거울을 보지 않고도 정확하게 해당 부위를 돌에 문질렀다. 이처럼 마크가 시야에 들어오지 않더라도 그게 자기 몸 어디쯤에 묻어 있는지 정확하게 인식하고 있다는 점으로 미루어 볼 때 청줄청소놀래기의 신체적 자기 인식은 인간과 크게 다르지 않다고 여겨진다. 다만 한 차원 높은 수준, 가령 에피소드 기억(언제, 어디서, 어떤 일이 있었는지와 관련된 기억)을 통해 과거를 돌이켜볼 때 자아가 어디까지 관여하는지는 해명해야 할 문제다. 이 부분은 거울 실험이나 마크 테스트만으로는 알 수 없다. 향후 거울 자기 인식 실험을 수정하거나 거울 자기 인식 실험이 아닌 별개의 실험을 통해 다양한 각도로 고찰할 필요가 있다. 하지만 진화적 관점에서 봐도, 제1장에서 살펴본 뇌 구조와 신경회로망의 유사성을 생각해봐도 자아의 본질은 인간이든 물고기든 상당히 유사하다고 본다.

청줄청소놀래기는 턱 밑 마크를 떼어내기 위해 효과적인 '돌'을 이용했다. 턱 밑을 비비댄 뒤 마크를 거울에 비춰보는 청줄청소놀래기의 행동을 떠올려 보자. 자기 눈으로는 마크가 떨어졌는지 볼 수 없으니 일부러 거울에 턱 밑을 비춰보며 확인한 듯 보인다(그림 4-8). 만약 이 행위의 의도가 내 추측과 같다면 청줄청소놀래기는 자기 눈으로는 기생충의 유무를 확인할 수 없다는 사실을 자각하고 있다고 봐야 하는데 이는 내면적 자아의식보다도 고차원인 '성찰적 자아의식'이 있어야 가능한 일이다.

내면적 자아의식이 있으면 '기생충이 붙어 있(을지도 모르)는 곳은 내 몸이다'라고 인식한다. 몸을 비비대 기생충을 없애려는 행동을 하려면 자신의 내면적 자아의식을 자각해야 한다. 내면적 자아의식을 자각하는 상태는 성찰적 자아의식이 있는 상태다. 일반적으로 내면적 자아의식을 바탕으로 다음 행동을 취하려면 내면적 자아의식을 자각할 필요가 있다. 따라서 인간이든 동물이든 내면적 자아의식을 자각한다면 성찰적 자아의식을 지닌다고 말할 수 있다.

이번 장 1절에서 설명한 바와 같이 인간의 자아의식으로는 외면적 자아의식, 내면적 자아의식, 그리고 가장 고차원에 해당하는 성찰적 자아의식까지 총 3가지가 알려져 있다. 인간에게는 성찰적 자아의식이 있지만 다른 동물들에게서는 분명하게 확인된 적이 거의 없다.

지금까지 청줄청소놀래기의 외면적 자아의식과 내면적 자아의식은 확인했다. 아직 실험 검증을 하지는 않았으나 성찰적 자아의식까지 있다고 판단된다. 물고기의 성찰적 자아의식은 제7장에서 더 깊이 다루겠다.

3. 프랑스 드 발 교수 앞에서 연구 결과를 발표하다

가자, 도쿄로

지금까지의 실험 결과를 통해 청줄청소놀래기가 거울 자기 인식을 할 수 있다는 사실, 게다가 우리 인간과 마찬가지로 자기 얼굴 정보를 바탕으로 자신임을 인식해낸다는 사실이 분명해졌다. 인간 외에 거울 자기 인식 과정이 밝혀진 동물은 청줄청소놀래기가 유일하다.

연구 결과를 처음으로 공식 석상에서 발표할 기회가 찾아왔다. 2020년 1월, 도쿄대학 오카노야 가즈오 교수가 주최하는 심포지엄에서 청줄청소놀래기의 거울 자기 인식과 관련한 강연을 해달라는 의뢰가 들어온 것이다. 발표 시간은 영어로 35분, 게다가 드 발 교수도 참석해 강연하기로 되어 있단다. 기쁜 마음으로 흔쾌히 수락했다. 앞서 말했듯 드 발 교수는 갤럽 교수와 나란히 침팬지의 인지와 공감 연구 분야에서 세계 최고 권위를 자랑하는 학자이며 갤럽 교수와 마찬가지로 청줄청소놀래기의 거울 자기 인식 논문에 반론을 제기한 인물이다. 논문 발표 이후 추가로 진행한 실험 결과를 들으면 드 발 교수는 어떻게 반응할까. 우리의 추가 연구 성과를 직접 발표할 수 있는 꿈같은 기회였다.

청줄청소놀래기의 자기 얼굴 인식을 비롯한 거울 자기 인식 실험 결과는 완벽하다고 할 만큼 명료했기에 우리는 자신이 있었다. 발표 당일 이른 아침, 신오사카역에서 공동 연구자이자 당시 특임 조교였던 소가와 슌페이를 만나 "가자, 도쿄로!"를 외치며 신칸센에 몸을 실었다. 드디어 드 발 교수 앞에서 발표할 수 있게 된 것이었다.

도쿄대학 고마바 캠퍼스의 심포지엄 룸에서 드 발 교수와 첫 대면을 했다. 우리야 세계적 유명 인사인 교수의 얼굴을 알고 있었지만 교수는 우리를 알 리가 없었다. 휴식 시간에 이름을 밝히고 인사를 했다. 처음으로 나와 말을 섞는 교수의 얼굴은 긴장한 듯 보였다. 자연스럽게 악수를 하고 짧게 이야기를 나누었다. 무척 우호적이고 기분 좋은 긴장감이 느껴지는 대화였다. 다음 세션이 내 발표였다. 제일 앞줄 한가운데에 앉아 있는 교수의 눈앞에서 하는 강연이다.

이 책 제5장과 제6장에 쓴 주요 내용을 쉴 새 없이 설명하고 정해진 시간을 조금 넘겨서 발표를 끝냈다. 이어진 휴식 시간에 드 발 교수는 잔뜩 흥분한 채 "굉장한 발표였어요. 이런 결과라면 『사이언스』에도 실을 수 있겠습니다"라며 극찬했다. 물론 드 발 교수는 물고기가 자기 얼굴 심상을 통해 거울 자기 인식을 한다는 결론이 어떤 의미를 지니는지 잘 알고 있었다. 그 순간 마음속으로 머리 위까지 주먹을 추어올리며 외쳤다.

'좋았어!'

미꾸라지로 의기투합

심포지엄이 끝난 저녁, 가볍게 뒤풀이를 했다. 나와 드 발 교수는 같은 테이블에 앉아 시원한 맥주를 마시며 30분가량 이야기를 나누었다. 드 발 교수는 다시 한번 연구 결과를 언급하며 동물, 심지어 물고기가 인간과 유사한 방식으로 거울 자기 인식을 한다는 사실을 증명해냈다고 칭찬해주었다. 이렇게 깔끔하게 인정하니 약간 김이 새기도 했지만 어쨌든 지금껏 마셨던 맥주 중 가장 기분 좋은 맥주였다.

드 발 교수는 침팬지 외에도 여러 동물의 행동을 연구한다. 제3장에서 소개한 아시아코끼리 거울 자기 인식 연구도 그가 진행했다. 그래서 갤럽 교수보다는 우리와 가까운 편이다. 동물 행동과 관련해 흥미로운 저서들을 집필했고 거기에는 산호초 지대에 서식하는 물고기를 다룬 이야기도 나온다.

두 번째 맥주잔을 비우는 동안 드 발 교수는 자신이 집에서 기르는 미꾸라지과 물고기 크라운로치의 이야기를 열정적으로 들려주었다. 밤이 되면 몸을 뒤집어 잠을 자고 여러 마리가 사이좋게 지내는 수조 안에 새로운 개체가 들어가면 따돌림을 당한다는 내용이었다. 크라운로치가 자는 모습을 휴대폰으로 찍은 사진도 보여주었다. 드 발 교수는 물고기의 인지 능력에도 관심이 있는 듯해 앞으로의 교류가 기대된다.*

드 발 교수는 청줄청소놀래기의 거울 자기 인식을 인정했다. 맨 처음 발표했던 논문에 진지하게 반론 논문을 썼던 사람이 말이다.

그날 돌아오는 신칸센에 올라 우리는 다시 한번 캔맥주로 축배를 들었다. 발표는 정말 잘한 일이었다. 기차 안에서 둘이 얼마나 신이 났는지는 이루 말할 수 없다. 반대 측의 대표적인 인물 두 사람 중 한 사람은 우리 진영으로 끌어들였다. 이제 한 사람 남았다. 2020년 1월 11일, 코로나가 맹위를 떨치기 직전의 일이었다.

대결은 계속된다

이번 장에서는 거울 자기 인식이 어떻게 일어나는지를 짚어봤다. 갤럽 교수는 인간과 유인원에게만 거울 자기 인식 능력이 있다고 주장한다. 하지만 제5장 3절에서 살펴봤듯 다른 동물의 거울 자기 인식 능력이 증명되지 않고 있는 가장 큰 이유는 마크 테스트의 한계와 마크 색깔이 내포한 문제에 있지 인간과 유인원만이 영리한 동물이어서가 아니다. 만약 문제를 개선한다면 어떤 동물이 마크 테스트를 통과하게 될까.

자아의식 상동 가설을 통해 예측해보건대 경골어류와 경골어류의 자손인 육상 척추동물 중 시각 정보를 통해 개체 인식을

---

* 안타깝게도 프란스 드 발 교수는 2024년 3월 세상을 떠났다.

하되 ①구성원이 안정된 사회 안에서 생활하며 ②얼굴 심상을 바탕으로 여러 개체를 식별해내는 '진정한 개체 인식'을 할 수 있는 동물이라면 내면적 자아의식을 지니기에 거울 자기 인식도 할 수 있으리라 본다. 바꿔 말해 자연 상태에서 시각 정보를 기반으로 안정된 영역이나 서열을 형성하며 살아가는 동물이라면 대부분 거울 자기 인식 능력을 지니고 있으리라고 예상한다. 즉 상당히 많은 척추동물에게 거울 자기 인식 능력이 있을 것이라는 말이다. 내 예측은 지금까지의 상식과 완전히 다른 이야기지만 어느 쪽이 타당한지는 검증해보면 안다. 앞으로 10년 안에 판가름이 날 것이다.

청줄청소놀래기는 분명 고도의 인지 능력을 지니고 있다. 그러나 수많은 물고기 중 청줄청소놀래기에게서 처음으로 거울 자기 인식 능력이 확인된 이유는 그저 그들이 영리해서만은 아니다. 기생충을 흉내 낸 마크에 예민하게 반응하는 습성을 이용함으로써 기존 마크 테스트의 한계를 극복한 덕이 크다. 마크 테스트의 한계를 극복해낸다면 사회성 높은 다른 물고기에게서도 거울 자기 인식 능력은 확인되리라고 본다. 포유류는 말할 것도 없다. 이렇게 되면 아무래도 갤럽 교수와의 대결은 당분간 계속될 듯하다.

"교수님, 침팬지 말고도 영리한 동물은 많습니다!"

제7장

물고기 거울 자기 인식 연구의 앞날

물고기 거울 자기 인식 연구의 성과는 현재의 인지과학·동물심리학·동물행동학적 상식을 뛰어넘는다. 이 성과들을 잘 전개해나간다면 동물의 지성이나 인지와 관련된 연구가 한층 더 발전할 수 있다. 향후 동물행동학과 인지과학의 여러 측면에서 패러다임 시프트로 이어질지도 모른다.

마지막 장에서는 물고기의 거울 자기 인식 연구를 통해 도출된 아이디어를 좀더 발전시켜보고자 한다. 연구에서 발견된 사실들을 바탕으로 지금까지의 가치관을 되돌아보고 앞으로 발전시켜나갈 만한 주제를 짚는다. 이 책은 교과서가 아니므로 혹시 이야기가 약간 딴 길로 새더라도 용서해주기를 바란다.

1. 물고기의 성찰적 자아의식 연구

인간과 물고기의 얼굴 인식과 자아의식

우리는 인간과 포유류뿐만 아니라 물고기 역시 얼굴을 인식해 상대 개체를 식별해낸다는 사실을 발견했다. 덧붙여 물고기도 인간처럼 얼굴의 전체 정보를 하나의 정보로 처리하는 특별한 취급 방식을 통해 빠르고 정확하게 얼굴을 인식한다는 사실도 증명했다. 인간이든 물고기든 미리 기억해둔 다른 개체의

'얼굴 심상'과 상대방의 얼굴을 무의식적으로 대조해 상대가 누구인지를 식별한다.

더욱 중요한 사실은 얼굴 인식 신경 기반이 물고기에서부터 인간에까지 공통적으로 나타난다는 점이다. 이 가설은 내가 책 제2장 3절에서 처음으로 제안했다. 나는 충분히 타당하다고 생각하지만 대부분의 사람은 엉뚱한 소리로 여길지도 모르겠다.

아울러 청줄청소놀래기도 인간처럼 거울 속 자기 얼굴을 자신의 얼굴 심상과 대조하여 거울 자기 인식을 한다는 사실이 밝혀졌다. 거울 자기 인식 능력의 본질은 청줄청소놀래기와 인간이 크게 다르지 않고 아마 여기에도 물고기와 인간 간 '상동성(자아의식 상동 가설)'이 있으리라 추측된다.

인간과 물고기의 거울 자기 인식 과정은 상대의 얼굴과 머릿속 얼굴 심상을 대조하여 이루어지는 타자 인식 과정과 유사하다. 인간과 물고기 모두 타자 인식 방식을 자신의 거울상을 인식하는 데 활용하고 있다고 볼 수 있다.

인간이 얼굴 인식을 통해 '안면 있는 사람'이라는 판단을 내릴 때 그 사람에 관련된 정보와 이름도 거의 동시에 따라온다. 하지만 얼굴과 사람 됨됨이는 기억이 나는데 이름이 떠오르지 않아 곤란했던 경험은 누구나 한 번쯤 있을 것이다. 내겐 숱하게 많다. 예컨대 20년 만에 고등학교 동창회에 나가 동급생이었던 A의 얼굴을 보고는 마음속으로 '나 얘 아는데! 테니스부였지, 아마. 웃는 모습도 목소리도 예전이랑 똑같네. 근데 이름이……? 아, 이름이 뭐였더라……' 하는 식이다. 얼굴 심상, 과

거에 있었던 일, 이름은 각각 따로, 서로 다른 방법으로 기억된다고 여겨진다. 하지만 뇌에서 얼굴 심상이 저장된 부위와 그 사람에 관련된 정보가 저장된 부위의 거리는 이름이 저장된 부위보다는 가까운 듯하다.

얼굴 심상은 경험에서 얻은 개인의 기억으로부터 형성된다. 딱히 훈련하지 않아도 누구나 만들어낼 수 있고 한번 형성되면 웬만해서는 사라지지 않는다는 특징이 있다. 그런 의미에서 얼굴 심상은 가위 사용법이나 자전거 타는 법처럼 일단 기억해두면 잘 잊히지 않는 '절차 기억'과 비슷한지도 모른다. 한편 사람의 됨됨이는 사건과 경험의 기억인 '서술 기억', 좀처럼 떠오르지 않았던 이름은 의도적인 학습이 필요한 '의미 기억'에 가까워 보인다. 얼굴 심상은 태어날 때부터 갖추고 있는 거푸집 시스템을 사용해 기억하지만 이름은 학습을 통해 기억한다. 아울러 뇌에 들어온 이름 정보는 얼굴 심상과 분리된 채 저장되거나 서로 직접 연결되지 않는 탓에 얼굴은 알아도 이름이 떠오르지 않는 현상이 일어난다.

물고기의 타자 인식에서는 의식이 어떻게 흘러가는지 들여다보자. 먼저 얼굴 심상을 통해 안면 있는 상대를 특정했을 때는 어떤 의식 상태일까? 아마 상대방을 특정하는 데 이어 '배우자다' 혹은 '이웃이다' 하고 '알' 것이다. 이때 얼굴 정보와 결부된 특정 개체의 기억이 얼굴 심상과 밀접하게 연결된 채 저장되어 있다가 거의 동시에 떠오른다. 조금 전에 언급한 동급생이 테니스부였다는 사실이나 웃는 모습에 대한 기억이 얼굴과 동시에 떠오른 현상이 그 예다. 이들은 언어로 기억하는 정보가 아니다. 물고기에게도 '서술 기억'이 있을지도 모른다. 아니, 있다고 본다. 서술 기억의 한 종류로 '에피소드 기억'이 있는데 제1장 3절에서 소개한 어치의 에피소드 기억 사례는 언어가 없어도 서술 기억이 가능하다는 사실을 보여준다.

낯선 개체에게는 공격을 퍼붓고 배우자나 이웃에게는 관대한 태도를 보이는 현상은 얼굴 식별과 개체 인식에 따라 나타나는 반응이며 결코 단순한 반사 반응이 아니다. 제1장에서 서술했지만 인간의 대뇌 신피질과 상동인 기관이 새와 물고기에게서도 착실히 기능하고 있고 사회적 행동의 의사 결정에 관여하는 신경회로망은 물고기·새·포유류끼리 상당히 유사하다(그림 1-4). 물고기도 고도의 의식을 통해 상황을 판단하고 행동한다고 보는 편이 자연스러운 것이다.

한편 거울상이 자신임을 알아챈 뒤에는 의식이 어떻게 작동할까? 인간은 우선 자기 얼굴 심상을 통해 자신을 인식하지만 얼굴 심상의 기능은 여기까지다. 매일 아침 세면대 앞에서 거울을 보며 얼굴에 생긴 큰 여드름을 발견하거나 덥수룩하게 자라난 수염을 보며 면도를 할지 말지 생각하는 것은 분명 다른 뇌 부위의 작용이다. 면도해야겠다는 결정을 내리고 행동으로 옮기려면 수염이 길다고 인식한다는 사실을 자각해야 한다. 이때 인간은 성찰적 자아의식을 지닌 상태라고 할 수 있다.

청줄청소놀래기도 거울에 익숙해진 다음 거울 속 자기 얼굴을 인식할 때는 얼굴 심상이 기능하리라 추측된다. 이후 그는 자신의 털 밑에 기생충이 붙어 있음을 알아채고 '어떡하지? 어딘가에 문질러서 떼어내자'라고 '생각하기 시작'한다. 아마도 별개의 신경 영역이 담당하는 생각일 것이다. 청줄청소놀래기도 기생충이 붙어 있다고 인식한다는 사실을 자각해야 떼어내려는 행동으로 넘어갈 수 있다. 이때 청줄청소놀래기는 인간과 마찬가지로 성찰적 자아의식을 지닌다고 볼 수 있다.

제6장 1절에서 서술했듯 인간의 자아의식은 ①외면적 자아의식 ②내면적 자아의식 ③성찰적 자아의식 등 3가지로 분류된다. ①에서 ③으로 갈수록 자기 지각적인 자아의식에서 자아 개념적인 자아의식으로 옮겨간다. 내면적 자아의식을 지닌다는 사실을 자각하는 상태가 성찰적 자아의식이다. 내면적 자아의식의 자각이 없으면 면도를 하거나 털 밑의 기생충을 문질러 떼어내는 행동으로 나아가지 못한다. 거울로 갈색 마크를 알아채고는 굳이 거울에서 멀리 떨어진 돌에다 털 밑을 비비대는 행동이나 털 밑의 기생충이 떨어졌는지 거울 앞에서 확인하는 행동은 청줄청소놀래기에게도 성찰적 자아의식이 있음을 시사한다.

다음으로는 사회관계에서 나타나는 성찰적 자아의식을 살펴보자.

인간과 물고기의 사회관계와 자아의식

지금까지 타자 인식, 자기 인식, 사회관계 인식까지 파고들어 인간과 동물을 비교한 사례는 없었다. 인간은 얼굴 심상을 통해 다른 개체를 식별함은 물론 개체끼리의 사회관계, 다른 개체와 자신의 사회관계도 파악하며 살아간다. 청줄청소놀래기의 사회관계 인식도 인간과 비슷하다.

이해하기 쉽도록 그림을 보며 설명하겠다. 그림 7-1에서 한가운데에 있는 '나'는 지인 5명을 각각 식별하며 지인들 사이의 인간관계도 파악하고 있다(가령 A와 B는 사이가 좋지 않고, C와 D는 친하다). 아울러 지인들과 자신의 관계도 파악하고 있다(가령 나는 A와 C를 좋아하지 않고 A와 C 역시 나를 좋아하지 않는다. 나는 B, D, E를 좋아하고 B, D, E 역시 나를 좋아한다).

인간과 마찬가지로 청줄청소놀래기 역시 하렘 내 친숙한 개체를 인식할 때 얼굴 심상을 이용하며 각 개체를 따로따로 식별해낸다. 그림으로 설명하자면 한가운데에 있는 '나'는 친숙한 5개체를 개별로 식별한다. 그렇다면 청줄청소놀래기도 동료들 간 관계성 네트워크 안에 자신의 존재를 대입해 사회관계를 객관적으로 이해하고 있지는 않을까.

자연계의 청줄청소놀래기 하렘 안에서는 크기가 가장 큰 개체가 수컷이고 나머지 암컷들은 크기순으로 서열이 정해지며 크기가 같은 개체끼리는 영역을 나누어 생활한다. 그림 중앙에 있는 '나'는 다른 개체들 사이의 사회관계(개체 간 서열 관계는 A가 가장 높고 A〉B〉C〉D〉E 순이다)와 함께 다른 개체들과 자신의 관계(B〉C=나〉D)도 확실하게 인식한다. 자연계에 서식하는 청줄청소놀래기를 관찰하다 보면 자신보다 서열이 높은 B를 마주

그림 7-1 인간과 청줄청소놀래기의 사회관계

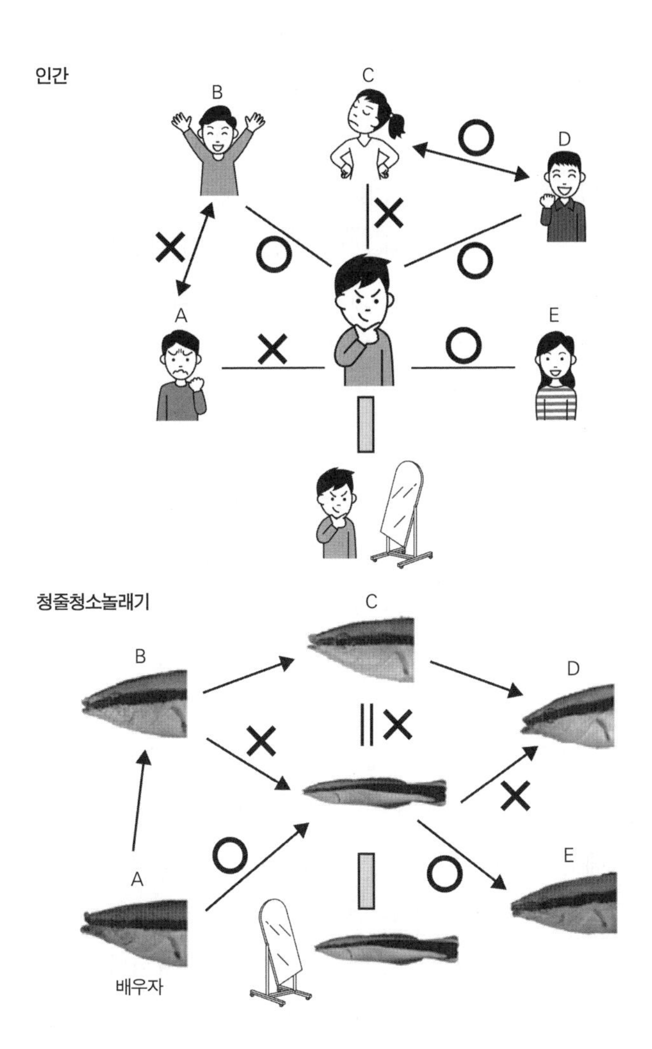

쳤을 때는 연신 굽신거리고 서열이 낮은 D를 만났을 때는 으스대는 모습을 발견할 수 있다. 상대와 마주치는 순간 즉시 상대방을 식별하고 이미 파악해둔 각자의 성격이나 자신과의 관계성을 바탕으로 신속하게 태도를 바꾼다.

우리 연구실은 이미 청줄청소놀래기에게 서열 관계를 논리적으로 추측하는 능력인 '이행 추론 능력'이 있다는 사실을 밝힌 바 있다. 예컨대 그림에서 B는 '나'보다 강하지만 '나'는 D보다 강하다. 즉 B〉'나'이고 '나'〉D이므로 '나'는 B와 D의 사회관계를 직접 보지 않고서도 B〉D라는 사실을 추측할 수 있다. 이때 B와 D의 관계를 객관적으로 이해하는 자아가 존재한다. 이처럼 내면적 자아의식에 기반한 인지 능력은 영장류에서는 이미 여러 번 관찰된 바 있으며 청줄청소놀래기나 인간·침팬지의 사회관계 파악 능력도 본질적으로는 다르지 않을지도 모른다.

지금까지 서술한 내용을 통해 말하고자 하는 바는 인간이든 청줄청소놀래기든 자신과 동료 간 혹은 동료들끼리의 사회관계를 인식한다는 사실, 아울러 거울 자기 인식이나 사진 자기 인식을 하지 않더라도(자연에는 거울도 사진도 없다) 내면적 자아의식을 지닌다는 사실이다. 내면적 자아의식을 갖춘 존재가 난생처음 거울을 마주했을 때, 초반에는 거울상을 낯선 개체라고 잘못 이해하지만 여러 가지 부자연스러운 행동을 통해 확인한 끝에 어느 시점이 되면 거울상이 자신임을 눈치챈다. 거울 속 자신을 인식해서 자아의식이 생기는 것은 결코 아니다. 인간도, 청줄청소놀래기도 거울을 보기 전부터 이미 사회에 속한 구성원으로서 자신을 이해함은 물론 외면적 자아의식뿐만 아니라 내면적 자아의식도 갖추고 있다.

청줄청소놀래기에게도 개체별 성격이나 다른 상대와의 추억이 있다면(분명 있다. 덕분에 특정 상대와의 서열 관계를 즉시 인식한다) 얼굴 심상과는 별도로 존재하는 서술 기억도 있을 것이다. 이러한 서술 기억 역시 타자와 관련된 심상에 해당하며 우리의 다음 연구 과제는 타자의 심상을 어떻게 기억하는지, 뇌 속에 저장된 심상과 심상 사이에는 어떤 관계가 있는지를 밝히는 일이 될 것이다.

마지막으로 사회관계에서 드러나는 청줄청소놀래기의 성찰적 자아의식을 고찰해보고자 한다. 지금까지 살펴봤던 대로 인간과 청줄청소놀래기에게는 내면적 자아의식이 있고 자신과 동료 혹은 동료 간 사회관계를 인식하고 있다. 이때 자신과 다른 개체 간 관계에 대해 무엇을 알고 있는지를 알아야 적절한 행동을 취할 수 있다. 인간 '나'는 그림의 A와 C를 대할 때는 조심스럽고 B, D, E를 대할 때는 스스럼없다.

청줄청소놀래기는 어떨까. 청줄청소놀래기 '나'는 B에게는 굽신굽신하지만 D에게는 으스대며 태도를 바꾼다. 제4장에서 등장했던 히로시마대학 사카이 교수에 따르면 청줄청소놀래기의 사회관계는 개체의 소실이나 유입으로 변동이 잦은데 구성원의 인식 역시 사회관계 변동에 따라 신속하게 변화한다. 사회관계가 빈번히 바뀜에도 자신이 상대 개체를, 상대 개체가 자신을 어떻게 생각하는지 인식한다는 사실을 자각하고 있기 때문에 상황에 맞게 적절한 대응을 할 수 있다. 이처럼 청줄청소놀래기에게도 다른 개체와 사회생활을 하는 데 필요한 성찰적 자아의식이 발달했을 가능성이 커 보인다. 아니, 성찰적 자아의식 없이는 청줄청소놀래기와 같이 유연한 사회생활을 해나가기 어렵다.

물고기에게 마음(성찰적 자아의식)이 있을까?

물고기에게 성찰적 자아의식이 있다는 가설은 중요한 내용이므로 좀더 자세히 검토해보자. '성찰적 자아의식'은 영어로 'Meta Self-awareness'다. 뜻을 한마디로 설명하기는 쉽지 않은데 조금이라도 더 많은 연구자가 동의하는 정의를 참고하는 편이 좋겠다. 일반적으로는 ①거울 자기 인식 능력 ②마음의 체계(의도적인 속임수를 포함한다) ③메타 인지(자신의 인식 상태를 인식하는 것. 이를테면 전화를 걸려다 전화번호를 모른다는 사실을 깨닫고 찾아보는 행위) 등 총 3가지가 있는 동물은 성찰적 자아의식을 지닌다고 본다. 성찰적 자아의식을 지닌다는 말은 한층 더 심오한 개념인 '마음'을 지닌다는 말과 같다.

청줄청소놀래기는 거울 자기 인식을 한다. 심지어 자기 얼굴의 이미지(얼굴 심상)를 활용한다. 조건 ①은 통과했다.

청줄청소놀래기가 조건 ②에 해당하는 의도적 속임수를 할 줄 안다는 사실은 스위스 뇌샤텔대학의 레두안 브샤리 교수가 여러 논문을 통해 밝힌 바 있다. 의도적 속임수란 말하자면 양치기 소년의 거짓말이다. 양치기 소년은 속아넘어간 사람들로 인해 큰 소동이 일어날 것을 예상하고 늑대가 나타났다는 거짓말을 한다. 거짓말은 속이고자 하는 대상의 마음을 읽어야만 할 수 있는 행동이며 마음을 읽는다는 말은 곧 마음의 체계를 갖추고 있다는 말과 같다. 사실 청줄청소놀래기도 이와 비슷한 거짓말을 한다.

다른 물고기의 몸을 청소하는 청줄청소놀래기는 장소를 정해두고 찾아오는 손님 물고기를 받는다. 산호초 지대에서는 덩치 작은 손님이 청줄청소놀래기의 청소 서비스를 받는 동안 덩치 큰 물고기가 가게 안의 상황을 지켜보곤 한다. 이때 청줄청소놀래기는 일부러 더 능숙하게 청소하는 양 행동한다. 잠재 고객인 큰 물고기가 지켜보고 있기 때문이다. 능수능란하면서도 정성을 다해 청소하는 척을 하면 큰 물고기가 다음 손님이 되리라는 사실을 아는 것이다. 그러나 기다리는 손님이 아무도 없으면 정성을 다해 청소하지 않는다. 곧 청줄청소놀래기는 다른 물고기가 자신을 어떻게 보는지를 의식하며 다음 손님을 속이는 셈이다. 청줄청소놀래기의 속임수는 실내 실험에서도 검증되었다.

조건 ③의 메타 인지는 어떨까. 제4장에서 살펴본 바와 같이 청줄청소놀래기는 거울로 기생충을 발견하고는 턱 밑을 바닥에 비비대고 이어 기생충이 떨어졌는지 확인이라도 하듯 비비댄 자리를 거울에 비춰본다. 이때 청줄청소놀래기는 거울에 비춰보지 않으면 기생충이 떨어졌는지를 확인할 수 없다는 사실을 알고 있는 듯하다. 그렇다면 메타 인지를 할 수 있을지도 모른다. 안타깝게도 청줄청소놀래기의 메타 인지와 관련한 연구는 아직 제대로 진행된 적이 없다. 현재 우리 연구실 대학원생인 고바야시 다이가가 골몰하고 있는 주제이기도 하다.

만약 메타 인지를 할 줄 안다면 청줄청소놀래기는 성찰적 자아의식의 3가지 조건을 모두 충족하게 된다. 요컨대 인간이나 유인원 수준의 성찰적 자아의식, 즉 어엿한 '마음'을 지닌다는 의미다. 물고기에게 마음이 있다는 생각은 10년 전에는 전혀 받아들여지지 않았고 지금도 많은 사람이 받아들이지 못할 것이다. '물고기에게 자아의식이 있다'라고 기술하는 연구자는 여전히 세계 어디에도 없다. 데이터가 없는 데다 상식과 너무 동떨어진 생각이어서다. 하지만 지금까지 살펴본 바와 같이 실험 결과를 객관적으로 읽어 내려가다 보면 물고기가 스스로를 돌이켜 볼 수 있다는 결론에 도달할 것이다.

청줄청소놀래기에게 성찰적 자아의식이 있다, 혹은 물고기에게도 마음이 있다는 가설은 앞으로 검증해나가야 할 주요 과제로 삼아도 좋을 듯하다. 분명 다양한 검증 대상, 검증 항목, 검증 방법이 있으리라고 본다. 나는 앞으로 속속 검증 사례가 등장해 이 가설을 뒷받침해줄 것을 기대한다.

물고기에게 성찰적 자아의식이 있다는 말에 담긴 의미

데카르트에 따르면 인간은 지성이 있고 스스로 돌이켜 볼 줄도 알며 고로 마음도 존재한다. 한편 동물은 지성이 있어도 자기 내면은 들여다보지 않고 마음도 존재하지 않으며 그저 기계적으로 움직일 뿐이다. 데카르트의 사고방식은 근세 서양철학을 통해 계승되어 현재 세계의 주류를 이루는 인간관·동물관의 바탕이 되었다. 그러다 1970년, 침팬지가 거울 자기 인식을 한다는 사실이 밝혀졌고 50년 뒤에는 물고기가 거울 자기 인식뿐만 아니라 사진 자기 인식도 할 수 있다는 사실이 증명되었다. 덕분에 척추동물에게 의식이 있고 여러 동물에게 성찰적 자아의식이 있을지도 모른다는 가능성 역시 대두되었다. 본 게임은 지금부터다.

동물에게도 성찰적 자아의식이 있다면 인간을 육체와 신비로운 존재인 영혼으로 이분하여 이해하던 사고방식에도 재고가 필요하다. 인간이 죽으면 육신은 사라지더라도 영혼은 영원히 남는다고들 한다. 그럼 남아 있는 영혼은 어떻게 될까. 많은 종교에서 천국과 지옥을 영혼의 종착지로 본다. 전 세계 많은 이가 사후 세계나 영혼의 세계가 있다고 믿는다. 물론 신앙은 죽음의 두려움이나 사후를 생각했을 때 느껴지는 불안감의 해소와 관련이 있다. 사후 세계는 자아의식과 영혼이 있는 인간에게만 존재한다. 따라서 자아의식이나 마음이 없는 동물에게는 영혼도 없고 사후 세계도 없으므로 죽더라도 영혼이 어디로 갈

일도 없다. 하지만 인간에게만 자아의식이 있다는 생각은 타당하지 않으며 물고기에게도 심오한 자아의식과 '마음'이 존재하는 것으로 보인다. 그렇다면 물고기를 비롯해 수많은 척추동물에게도 영혼이 있고 천국과 지옥도 존재해야 한다. 인간에게만 영혼이 있고 인간에게만 천국과 지옥이 존재한다는 이론은 아무래도 무리가 있어 보인다.

나는 앞으로 물고기에게도 성찰적 자아의식과 마음이 있다는 사실을 구체적이고도 상세하게 규명하여 더 합리적인 사고방식을 구축하는 데 이바지해나갈 생각이다.

재고가 필요한 물고기 신호 자극

물고기에게 자아의식이 있다는 가설에 맞선 반론으로 틴베르헌 교수의 실험이 인용될지도 모르겠다. 약 70년 전에 큰가시고기 공격 행동의 신호 자극을 연구해 유명해진 실험 말이다. 이는 지금도 고등학교·대학교 생물 교과서에 실려 있고 대학입시 문제로도 출제되며 '타당한' 이론으로 다루어진다. 큰가시고기의 공격 행동은 본능적 유발 기작이라 불리는 신경 기반을 바탕으로 신호 자극이 일으키는 연쇄 반사 행동으로 알려져 있다.

틴베르헌 교수가 실험을 수행했던 1950년 무렵, 사람들은 물고기의 뇌가 포유류의 뇌와 달리 단순하고 대뇌도 없다고 생각했다. 당시 틴베르헌 교수의 생각도 크게 다르지 않았음이 틀림없다. 그러나 제1장에서 살펴봤듯 척추동물의 뇌 구조와 뇌 내부 구조는 계통 간 상동성이 있고 서로 공통된 기능도 많다는 사실이 밝혀졌다. 게다가 제2장에서 소개한 것처럼 큰가시고기는 얼굴로 개체 식별을 한다. 덧붙여 독일의 생물학자 만프레드 밀린스키 교수의 연구진은 큰가시고기에게서 은혜를 갚는 행동을 뜻하는 호혜적 이타 행동을 발견했다. 큰가시고기가 동물 중에서도 높은 인지 능력을 지니고 있음을 보여주는 발견이다.

큰가시고기가 개체 식별이나 호혜적 이타 행동을 할 줄 안다면 고전적 동물행동학의 관점에서 수행한 신호 자극 실험의 해석에 문제가 있다고 보는 편이 자연스럽다. 틴베르헌 교수의 실험이나 해석에 부족한 부분은 없었을까. 이래저래 생각해봐도 이해가 되지 않아 비록 예비 실험 형태이기는 하지만 직접 실험에 나섰다. 이상하다 싶으면 바로 실험을 해봐야 직성이 풀린다.

틴베르헌 교수의 실험은 제1장 1절에서 소개했다. 수컷 큰가시고기는 석고 덩어리일지라도 배에 해당하는 부분이 붉게 칠해져 있다면 맹렬하게 공격했다. 반면 실제 모습을 똑 닮은 모형이라도 배 색깔이 붉지 않으면 공격하지 않았다. 따라서 틴베르헌 교수는 '붉은색'이라는 신호 자극이 큰가시고기의 공격 행동을 불러일으킨다는 결론을 내렸다. 문제는 석고 모형을 향한 공격 행동의 정체다. 동종 간 개체 식별도 할 줄 아는 큰가시고기가 석고 덩어리에 불과한 모형을 동종 수컷 개체로 인식했을 리가 없다.

큰가시고기는 마른 풀이나 해초를 이용해 바닥에 안식처를 만든 뒤 알을 낳는다. 안식처를 만들 수 있도록 꾸민 수조에 얼마간 넣어두면 수컷 큰가시고기는 수조를 자기 영역으로 인식한다. 아직 본 실험에는 들어가지 않았지만 관찰한 내용을 대강 설명해보겠다.

안식처를 꾸린 수컷 큰가시고기의 수조에 배 부분을 붉게 칠한 석고 모형을 넣어보았다. 놀랍게도 큰가시고기는 아무런 반응을 보이지 않았다. 틴베르헌 교수의 신호 자극 실험 결과와 전혀 다르다. 이어 같은 수조에 배가 붉게 변한 실제 수컷 큰가시고기를 넣었더니 거센 공격을 퍼부었고 좀처럼 멈추지도 않았다. 잠시 뒤 나중에 넣은 수컷 큰가시고기를 꺼냈지만 수조 주인의 흥분은 쉽게 가라앉지 않았다. 흥분 상태의 큰가시고기 수조에 먼저 넣었던 석고 모형을 넣었더니 이번에는 태도를 바꾸어 공격했다. 혹시 틴베르헌 교수는 흥분 상태의 큰가시고기를 대상으로 실험을 했던 건 아니었을까.

다른 예도 있다. 유튜브에서 본 영상인데, 산란기에 가까워져 배가 부풀어 오른 암컷 큰가시고기를 수컷에게 보여주자 그는 적극적으로 구애했다. 이어 같은 수컷에게 탁구공처럼 생긴 흰 공을 보여주자 마찬가지로 열렬한 구애를 펼쳤다. 틴베르헌 교수는 암컷의 불룩한 배를 강조한 흰 공이 신호 자극으로 작용해 구애 행동을 촉발한다고 보았다. 그러나 우리가 발정기의 수컷에게 암컷보다 먼저 흰 공을 보여주었을 때는 아무런 반응도 하지 않았다.

이렇게 되면 큰가시고기의 사례를 모든 물고기에게 일반화하여 적용할 수 있을지 생각해볼 필요가 있다. 내 오랜 경험에 비추어봤을 때 탕가니카 호수의 시클리과 물고기나 산호초 지대에 서식하는 물고기는 절대 동종 물고기의 생김새와 한참 다른 모형(이를테면 혼인색을 강조한 석고 덩어리나 단순화한 암컷 모형)에게 공격이나 구애를 하지 않는다. 탕가니카 호수처럼 서식종이 다양해 늘 수많은 포식자로부터 목숨을 위협받는 곳에서 세력 다툼이나 구애에 맹목적으로 몰두하는 것은 지극히 위험한 행위다. 탕가니카 호수와 산호초에 사는 물고기들은 조심성이 많아 이런 어리석은 짓은 하지 않는다.

큰가시고기가 서식하는 냉수역은 포식자에게 잡아먹힐 위험이 낮은 곳일 수도 있고 특히 큰가시고기는 단단한 가시 덕분에 쉽게 잡아먹히지 않는지도 모른다. 이런 환경에서는 수컷 큰가시고기처럼 쉽게 화를 내고 흥분하는 성질이 번식 성공률을 높이는 데 유리할 가능성이 있고, 실제로 번식에 유리하다면 그러한 성질이 자연선택에 따라 진화한다. 다른 물고기들과 비교했을 때 쉽게 격분하는 큰가시고기의 행동 습성은 오히려 '특수한 예'인지도 모른다. 특수한 상태의 행동 연구 결과를 일반화하기에는 아무래도 무리가 따른다. 사실 틴베르헌 교수의 연구 이후 수컷 간 공격 행동이나 암컷을 향한 구애 행동의 신호 자극을 연구한 사례는 거의 없다. 어쨌든 제2차 세계대전이 끝난 지 얼마 지나지 않은 상태에서 촬영 장비도 없어 동물 행동을 상세하게 관찰하기 어려웠던 시기의 연구는 재검토해볼 필요가 있다.

거울 자기 인식 능력 자체가 진화한 것이 아니다

자주 받는 질문이 있다. "물고기가 어떻게 자신의 거울상을 인식하는 능력을 진화시켰는가" 혹은 "물고기는 수면에 비친 자기 모습을 보며 거울상을 인식하는 능력을 습득했는가" 하는 질문이다. 양쪽 모두 잘못된 이해에서 비롯되었다. 침팬지 거울 자기 인식 능력을 다룬 과학 기사에는 종종 침팬지가 동물원 바닥에 고인 물에 비친 자기 모습을 들여다보는 사진이 실리기도 하는데 여기에는 오해의 소지가 있다.

행동생태학에서는 동물의 행동이나 형질이 자연선택을 받아왔다고 보는 일이 많다 보니 이러한 질문이 나오는 듯하다. 그러나 모든 행동이 선택압*의 직접적인 영향을 받지는 않는다. 애초에 우리 인간의 거울 자기 인식 능력 역시 자연선택을 거쳐 진화한 것이 아니다. 청줄청소놀래기의 서식지에도 물론 수면이야 있겠지만 수면에 비친 자기 모습을 보는 일부터 일단 불가능하다(늘 물결이 일렁일뿐더러 하늘이 환해 거울처럼 물속을 비춰주지 않는다). 진화의 역사에 거울은 없으며 개체 성장 과정에서 마주칠 일도 없다.

그래도 거울상을 자기 모습이라고 인식할 수 있는 까닭은 앞에서 설명했던 두 가지 요소 덕분이다. 첫 번째는 청줄청소놀래

* 생물 진화에서 생존 경쟁에 유리한 특정 형질을 지닌 개체가 살아남도록 유도하는 자연선택의 작용.

기가 타자 인식과 같은 방법으로 자기 인식을 한다는 사실이다. 거울을 보여주기 전에도 그들은 외면적 자아의식, 내면적 자아의식, 그리고 (아마도) 성찰적 자아의식을 갖추고 있다. 이때 자기 얼굴은 몰라도 상관없고 실제로도 모른다(그림 6-3). 두 번째 요소는 타자 인식이나 타자 식별을 할 때 사용하는 능력, 즉 얼굴 심상으로 얼굴을 인식하는 타고난 능력이다. 거울 속 움직임의 수반성을 통해 거울상이 자기 모습이라는 사실을 인식함과 동시에 거울에 비친 자기 얼굴로 자신을 인식한다. 한번 형성된 얼굴 심상은 상당히 강렬한 기억으로 거푸집처럼 각인된다. 거듭 강조하지만 거울 자기 인식을 통해 그제야 자아에 눈뜬다고 이해해서는 안 된다. 거울을 보며 깨닫는 사실은 '이게 나구나! 나는 이런 얼굴을 하고 있구나!' 하는 것뿐이다.

그러므로 동물이 거울 자기 인식을 하려면 타자 인식은 물론 개체 간 관계를 인식할 수 있는 사회성을 갖추어야 한다. 다른 개체를 식별하지 못하는 동물에게는 거울 자기 인식 역시 쉽지 않다. 가령 개체를 식별해내는 능력이 없다고 알려진 정어리나 꽁치 등은 내면적 자아의식이 있더라도 거울 자기 인식은 하기 어렵다.

인간, 침팬지, 청줄청소놀래기 등 거울 자기 인식을 할 수 있는 동물은 자주 마주치는 개체들을 얼굴로 식별하고 각 개체의 특성도 파악해 기억한다. 개체 간 관계도 기억하는데 여기에는 자신과 다른 개체의 관계 역시 포함된다. 그러면서 자기를 인식한다. 거울을 보기 전부터 이미 자기 인식을 하고 있는 것이다.

어쩌면 거울 자기 인식 능력은 고도의 특별한 인지 능력이 아니라 사회성 있는 척추동물의 필수 인지 능력인지도 모르겠다. 이는 기존의 사고방식을 완전히 뒤집는 관점이다.

오징어의 거울 자기 인식

두족류에 속하는 연체동물 흰꼴뚜기가 거울 자기 인식을 할 수 있다는 사실을 일본 류큐대학 이케다 유즈루 교수가 밝혀냈다. 다만 아직 마크 테스트에 합격하지는 않았으므로 추가 검증은 필요하다.

지금껏 살펴본 바와 같이 척추동물에서는 물고기부터 인간에 이르기까지 넓은 동물군 범위에 걸쳐 거울 자기 인식 능력이 확인되었고 거울 자기 인식이 일어나는 과정에도 공통점이 있다. 이를테면 처음에는 거울상을 동종의 낯선 개체로 인식해 사회 행동(대부분 공격 행동)을 보이고 뒤이어 거울상이 자신인지를 확인하기 위해 부자연스러운 동작을 반복한다. 물고기와 인간이 얼굴 정보를 통해 거울 자기 인식을 하므로 조금 거칠게 이야기하자면 '인간과 물고기 사이에 있는' 척추동물의 거울 자기 인식 방법 역시 얼굴 인식을 바탕으로 하리라고 추측된다.

그러나 두족류인 오징어와 문어의 거울상 확인 방법은 척추동물과는 크게 다르다. 흰꼴뚜기에게 동종의 낯선 개체를 유리벽 너머로 보여주면 사회 행동에 해당하는 인사 행동이나 공격 행동을 보인다. 반면 거울을 보여주면 쓱 다가와 공격 행동도 부자연스러운 확인 행동도 없이 다짜고짜 거울 면에 비친 자기 모습을 쓰다듬기 시작한다(이케다 교수의 증언이자 내 관찰 결과다). 거울을 대하는 반응은 물론 자기 지향 행동이 나타나는 방식도 척추동물과는 완전히 다르다.

'문어에게 거울 보여주기'라는 제목의 유튜브 영상에서는 물속에 넣어둔 거울을 마주한 돌문어의 모습을 볼 수 있다. 돌문어(수컷 개체) 역시 자신의 거울상을 보고는 부자연스러운 행동 없이 냅다 거울 면을 쓰다듬는다. 그러나 동일한 개체에게 동종의 수컷이 접근하면 삽시간에 몸 색깔을 새하얗게 바꾸고 위협하는 자세를 취한다.

만약 흰꼴뚜기와 돌문어의 거울 자기 인식 능력이 마크 테스트로 확인된다면 그 자체로도 엄청난 발견이지만 함의하는 바는 더욱 크다. 오징어·문어에게서는 척추동물 공통으로 나타나는 공격적 사회 행동(1단계)이나 확인 행동(2단계)이 전혀 나타나지 않았다. 거꾸로 말해 두족류의 사례는 물고기·새·돌고래·코끼리·인간 등 종이 아무리 다양해도, 분류학적으로 아무리 멀리 떨어져 있어도 척추동물의 거울 자기 인식 과정에는 커다란 공통점이 있다는 사실을 부각한다. 즉, 오징어·문어의 사례를 통해 척추동물의 자기 인식 방식이 지닌 유사성, 통일성 혹은 보수성을 새삼 확인할 수 있다.

척추동물 자기 인식 방식의 보수성은 제1장에서 언급한 사실, 즉 물고기에서 포유류에 이르기까지 척추동물의 뇌 구조 및

뇌 내부 구조는 거의 같다, 혹은 진화 과정에서 잘 보존되어왔다는 사실과 상통한다. 다르게 말해 두족류와 척추동물의 반응 차이는 두족류의 뇌 구조와 척추동물의 뇌 구조가 완전히 다름을 시사한다.

덧붙이자면 두족류의 개체 인식 방식은 아직 알려지지 않았다. 물고기부터 인간에 이르는 척추동물은 공통적으로 얼굴 심상을 통해 타자 인식과 자기 인식을 하지만 두족류는 전혀 다른 인식 방법을 채택했을지도 모른다. 분류학적으로 상당히 멀리 떨어진 척삭동물문*과 연체동물문 간의 차이점, 각 동물문 내 동물들의 공통점이 밝혀지면 더 넓은 시야로 척추동물의 자아 의식 문제를 파헤칠 수 있을 것이다.

2. 물고기 유레카 연구

언제 자기 모습이라는 사실을 알아챌까

마지막으로 현재 내가 진지하게 몰두하고 있는 연구를 소개

---

* 척추동물의 상위 분류군.

하고자 한다. 바로 청줄청소놀래기의 거울 자기 인식에서 거울상을 보고 자신임을 알아채는 시점이 언제인지를 조사하는 연구다. 현재진행형에 미완성이기는 하지만 지난 연구들과 마찬가지로 세계적으로도 유일무이하고 무척 흥미진진하다.

침팬지든 청줄청소놀래기든 척추동물의 거울 자기 인식에서 동물들은 모두 처음 자기 모습을 거울로 보고 낯선 개체라고 착각해 공격한다. 이후 어딘가 이상하다는 사실을 눈치채고 부자연스러운 확인 행동으로 거울상의 수반성을 확인하며 생각(혹은 고민)을 거듭한 끝에 그게 자기 자신임을 깨닫는 인지 과정을 거친다. 이때 모든 개체는 실험 전까지 거울을 본 적이 없다.

청줄청소놀래기는 처음에는 거울상을 낯선 개체로 여기지만(1단계, 거울을 본 지 1~3일 차까지) 이래저래 확인하다 어느 시점이 되면 '나다' 하고 깨닫는다. 이 깨달음은 아마 확인 행동이 시작되는 순간부터 끝나는 순간(2단계, 거울을 본 지 4~5일 차가 됐을 무렵) 사이에 일어날 것이다. 이후 3단계가 되면 가만히 거울을 들여다본다(그림 4-6). 거울을 들여다보는 행위는 일종의 자기 지향 행동으로 거울상을 자기 모습으로 인식했음을 암시한다.

거울을 통해 청줄청소놀래기가 확인하는 것은 자기 모습과 얼굴이다. 거울상을 자기 모습으로 인식하는 일은 청줄청소놀래기에게 쉽지 않은 과제임이 분명하다. 여태껏 본 적도 경험한 적도 없는 일이기 때문이다.

두 가지 가능성

청줄청소놀래기가 거울 속 자신을 깨닫는 과정을 설명하는 가설로는 크게 2가지를 생각해볼 수 있다. 하나는 부자연스러운 확인 행동이 시작된 이후 시간이 지날수록 차츰 이해도가 높아져 마지막 순간에 100퍼센트 이해한다는 가설이다. 다른 하나는 여러 차례 확인 행동을 거듭하다 어느 시점에 이르러 '아, 그렇구나! 나구나!' 하고 불현듯 깨닫는다는 가설이다(그림 7-2).

전자의 경우 머릿속에서 거울상은 어떻게 인식되고 이해될까? 처음에 거울상은 정체를 알 수 없는 미스터리한 존재다. 그러다 20퍼센트, 60퍼센트, 80퍼센트…… 점차 이해도가 높아진다. 나로서는 상상하기 어려운 이해 방식이다. 하지만 물고기에게는 미지의 능력이 있을지도 모른다.

다만 내 개인적인 경험이나 지금까지의 물고기 관찰 경험에 비추어봤을 때, 청줄청소놀래기가 특정 시점에 문득 거울 속 자기 모습을 깨달으리라는 생각이 든다.

인간에게는 '번뜩인다'라는 표현이 딱 들어맞는 순간이 있다. 전혀 알지 못했던 미지의 존재를 오랜 시간 깊이 고민한 끝에 '답'을 깨닫는 순간, 희망으로 마음이 한껏 고양되어 "알았다!" 혹은 "그렇구나!" 하는 소리가 절로 나오는 순간eureka moment 말이다. 유명한 예로는 아르키메데스의 일화가 있다. 욕조에 몸을 담그고 있던 아르키메데스가 훗날 아르키메데스의 원리라고 불리게 되는 이치를 깨달은 순간 "유레카! 유레카!(알았다!)" 하고 두 번 외치고는 너무 기쁜 나머지 목욕탕을 뛰쳐나와 여기저기 소리치며 뛰어다녔다는 이야기다. 아인슈타인이 상대성이론을 발견했을 때의 일화도 있다. 몇 년째 머리를 싸매고 고민하던 어느 날 문득 상대성이론이 떠올랐다. 그 순간 그는 흥분하다 못해 머릿속에서 팡 하고 터지는 듯한 소리가 들렸다고 한다. 내가 만들어낸 이야기가 아니라 아인슈타인 본인이 직접 한 말이다.

멀리 갈 필요도 없이 수학 문제를 풀다가(개인적으로는 기하학 같은 도형 문제가 좋다) "그렇구나!" 하고 해법이 번뜩 떠올랐던 경험은 누구에게나 있을 것이다. 이처럼 인간에게는 오랜 궁리 끝에 문득 찾아오는 "그렇구나!"의 순간이 종종 있다. 너무 기뻐 맨몸으로 뛰어다닐 정도의 최고 수준부터 일상적이고 사소한 수준까지 전부 정도의 차는 있을지언정 꽤 흔한 일이다. 어쩌면 인간은 이러한 "그렇구나!"의 형태로 평소에도 늘 새로운 깨달음을 얻고 있는지도 모르겠다.

물고기가 '깨닫는' 순간

청줄청소놀래기 거울 자기 인식 2단계는 확인 행동을 통해 거울상이 무엇인지를 탐구하며 요리조리 '생각하는' 상태다. 물고기에게 '생각한다'라는 표현을 함부로 쓰면 때에 따라서는 멍

석말이를 당할 수도 있으니 주의해야 한다. 현재로서는 이 책에서만 쓸 수 있다. 어쨌든 만약 청줄청소놀래기가 생각을 한다고 치면 우리처럼 "그렇구나!" 하는 깨달음의 순간이 있지 않을까. 거꾸로 말해 "그렇구나!" 하는 순간을 발견하면 청줄청소놀래기가 생각을 한다는 사실을 입증할 수 있다. 깨달음의 크기야 조금씩 다르겠지만 "그렇구나!"의 순간은 유레카의 순간이다. 그러나 동물의 유레카와 관련된 연구, 즉 유레카 연구는 사실상 전무하다.

청줄청소놀래기 개체에게 거울 자기 인식은 처음 겪는 난제다. 누가 답을 알려주는 것이 아니라 스스로 확인하고 깨닫고 발견해야 하며 이러한 상황은 유레카가 일어나는 조건을 만족한다. 청줄청소놀래기가 산호초 지대에서 다른 물고기의 몸을 청소하며 얻었을 '아, 기생충 찾았다(발견했다)' 하는 깨달음과는 차원이 완전히 다르다(나는 청줄청소놀래기가 먹이인 기생충을 발견했을 때 이렇게 의식한다고 생각한다). 거울상이 자기 자신이라는 발견은 상당히 큰 깨달음이다. 만일 청줄청소놀래기에게 깨달음의 순간이 있다는 '유레카 가설'이 타당하다면 거울 자기 인식 2단계와 3단계에서 아래와 같은 행동을 관찰할 수 있을 것이다(그림 7-2).

① 깨달음의 순간에 특이한 행동을 하거나 거울상을 향해 특별한 반응을 보인다. (인간으로 치면 "유레카!" 하고 외치거나 기쁜 표정을 짓는 행동에 해당한다)

깨달음의 순간을 기준으로 이러한 모습도 나타나리라 예상한다.

② 깨달음의 순간 직후부터 거울상 확인 행동을 하지 않는다(거울상이 자신임을 알았으니 더는 확인할 필요가 없다는 사실을 인식했으므로).

③ 만약 턱 밑에 기생충 마크가 있다면 깨달음의 순간 직후부터 바닥에 비비댄다(거울상이 자신임을 깨닫고 그제야 자신에게 기생충이 붙어 있다는 사실을 알았으므로).

①~③의 관찰 결과가 나타나는 순간이 있다면 그때가 바로 자기 자신을 알아챈 순간이다. 반면 '학습 가설'대로 서서히 거울상의 정체를 알아챘다면 ①은 나타나지 않고 ②와 ③은 2단계가 진행되는 동안 서서히 빈도가 높아져야 한다.

불안감이 해소되리라

①~③ 외에 다른 행동 변화도 나타날 수 있다. 한 연구에서 시클리과 물고기를 대상으로 얼마간 거울을 보여주고 편도체 기능을 조사한 적이 있다. 편도체는 뇌에서 불안과 공포의 감정을 처리하는 부위다. 연구에 따르면 물고기는 실제 물고기보다 거울상을 더 두려워한다. 곧 자신의 움직임을 똑같이 흉내 내는

거울상의 정체를 밝혀내기 전까지 물고기는 상당한 불안감을 느낀다.

이는 거울 자기 인식 2단계에 접어든 청줄청소놀래기에게도 해당하는 이야기다. 청줄청소놀래기에게 깨달음의 순간이 있다면 미지의 거울상 때문에 품고 있던 불안감이 해소되면서 아래와 같은 변화가 나타날 것이다.

④ 깨달음의 순간, 불안하던 마음 상태가 단숨에 평소의 상태로 돌아온다(거울상의 정체를 파악한 덕에 불안 요소가 사라졌으므로).
⑤ 소홀히 했던 일상 행동을 평상시처럼 해낸다(이유는 ④와 같다).

주어진 과제인 '거울상의 정체'를 깨달아 불안 요소가 사라진 다음에는 분명 마음을 놓고 평상심을 되찾을 것이다. 만일 어느 순간 ④와 ⑤가 갑자기 나타난다면 깨달음의 순간이 있었다는 사실을 보여주는 강력한 증거다. 반면 학습 가설처럼 거울상을 서서히 인식한다면 ④와 ⑤는 2단계를 거치는 동안 점진적으로 나타나야 한다. 여기까지가 가설에서 도출할 수 있는 실험 예측이다.

'깨달음'의 시간, 10초

청줄청소놀래기 9마리로 실험에 들어갔다. 실험 결과, 내 예상대로 깨달음의 순간이 있었다(덤덤하게 적고 있지만 실상은 실험하는 동안 청줄청소놀래기보다 내가 훨씬 더 많은 "그렇구나!"를 외쳤다). 영상 해석에는 공동 연구자인 소가와와 4학년인 나카이 유타가 수고해주었다. 영상을 여러 번 돌려본 결과 2단계가 끝날 무렵, 실험 개체가 갑자기 거울 앞에서 대략 10초, 길면 20초 정도 크게 움직였고 이후 확인 행동이 완전히 사라졌다. 지나친 감정 이입인지 모르겠지만 청줄청소놀래기가 마치 "유레카!"라고 외치는 듯했다.

이번 실험에서는 처음부터 턱 밑에 갈색 마크를 표시해 두었다. 턱을 의식하는 낌새조차 보이지 않던 청줄청소놀래기가 '깨달음의 순간' 직후(짧게는 2분 뒤)부터는 턱 밑을 바닥에 비비대기 시작했다. '깨달음의 순간'에 거울상이 자신이라는 사실을 인식했다는 증거다. 역시 10초라는 짧은 시간이 '아, 나구나!'라고 자각하게 되는 순간인 듯싶다.

청줄청소놀래기의 유영 속도와 먹이를 먹는 빈도도 유레카 가설을 뒷받침한다(그림 7-2). 줄곧 빠른 속도로 헤엄치던 청줄청소놀래기는 깨달음의 순간 이후부터는 느긋하게 바뀌어 평상시의 여유로움을 되찾았다. 유영 속도는 깨달음의 순간, 그야말로 삽시간에 바뀐다. 서서히 평상시의 속도로 되돌아온다고 보기는 어렵다. 유레카 가설대로다. 깨달음의 순간 이전에는 먹

그림 7-2 두 가지 가설

유레카 가설

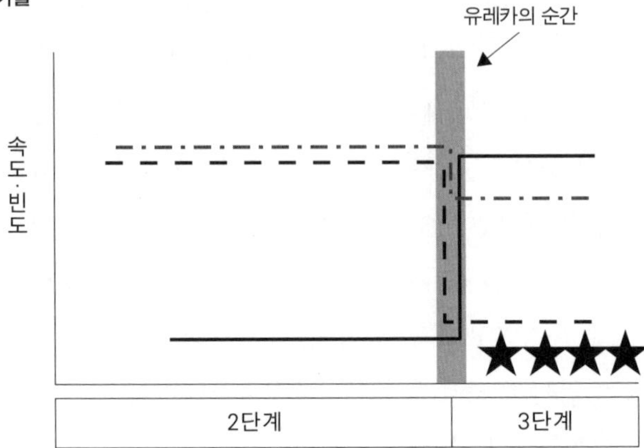

학습 가설

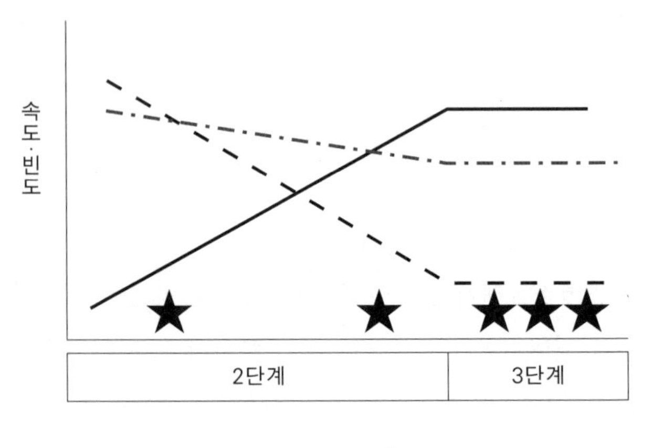

- - 확인 행동 빈도
★ 털 밑을 바닥에 비비대는 행동
-·-·- 유영 속도
— 먹이를 먹는 빈도

이도 잘 먹지 않았지만 한순간 평소의 빈도로 돌아왔다. 마찬가지로 유레카 가설대로다. 이번에도 조금씩 변화해나간다고는 볼 수 없다.

실험 결과는 모종의 긴장 상태가 깨달음의 순간에 해소된다는 사실을 보여준다. 깨달음의 순간까지는 거울상을 미지의 존재로 여기고 불안감을 품지만 자기 모습임을 깨달은 다음에는 거울상을 이해하고 받아들인다.

이처럼 실험 예측 ①~⑤가 모두 검증되어 유레카 가설을 뒷받침한다.

덧붙여 '깨달음의 순간'이 있다는 말은 그때까지 청줄청소놀래기가 '이 녀석 누구지?' 하고 깊이 생각하고 고민했다는 말과 같다. 청줄청소놀래기가 거울상의 정체를 깨닫는 순간은 자신이 지금껏 상상조차 하지 못했던 사실을 발견하고 확신하는 순간, 바로 유레카의 순간이다. 이때까지 청줄청소놀래기는 거울상이 무엇인지를 진지하게 고민하며, 깨달음의 순간에 알게 된 사실을 받아들이는 것으로 보인다.

일반적으로 우리는 사고와 언어 사이에 밀접한 연관이 있다고 여긴다. 따라서 언어를 사용하지 않는 동물은 사고할 수 없다고 생각한다. 그러나 청줄청소놀래기의 '유레카'는 물고기가 사고를 거쳐 거울상의 정체를 이해했다는 사실, 언어가 없는 동물 역시 사고할 수 있다는 사실을 보여준다. 언어를 사용하지 않는 어치 역시 과거를 돌아보거나 앞날을 계획할 줄 안다.

자아의식의 관점으로 돌아가보자. '이건 나다' 하고 알아챈 순간, 청줄청소놀래기는 확인 행동을 멈추고 턱 밑을 비비대기 시작했다. 거울 자기 인식을 했다는 사실을 스스로 깨닫고 다음 행동을 행한 셈이다. 그렇다면 이때 성찰적 자아의식이 작용했다고 볼 수 있다.

청줄청소놀래기 외에도 유인원, 코끼리, 돌고래, 범고래, 말, 까치, 그리고 최근에는 집까마귀, 송장까마귀까지 거울 자기 인식 과제를 해결했다. 각 동물이 어떻게 자기 인식을 하는지 비교 연구로 밝혀내는 일도 가능하겠다. 나는 대부분의 동물에게서 청줄청소놀래기가 보여준 깨달음의 순간이 관찰되리라고 생각한다. 실제로 대부분의 척추동물이 같은 방법으로 새로운 사물을 이해한다고 보기 때문이다. 사물을 이해하는 방식에서도 동물과 인간은 지금까지 생각해오던 것 이상으로 유사한 듯하다.

아직 예비 실험 단계이기는 하지만 유레카 연구는 물고기뿐만 아니라 전 세계 모든 동물 연구 사례를 뒤져봐도 유일무이하다. 이런 이야기를 열정적으로 쓰고 있는 나를 보고 누군가는 "고다 마사노리도 결국 갈 데까지 갔군" 하며 비웃을지도 모르겠지만 상관없다.

현재 유레카 연구는 뇌신경과학적 관점에서 인간을 대상으로만 진행되고 있다. 유레카의 순간은 인간에게만 찾아온다고 믿기 때문이다. 이들 연구는 인간 특유의 창조성이나 예술적 발상이 뇌의 어느 부위에서, 어떻게 발생하는지에 초점을 맞춘다.

데카르트 이후 우리는 인간과 동물은 다르다는 가정하에 인간만이 할 수 있는 일, 인간만이 지닌 능력들을 하나하나 열거해왔다. 덕분에 도구 사용, 언어 사용, 놀이, 사고, 통찰, 장래 계획, 마음의 체계, 자아의식, 웃음 등 수많은 항목이 목록에 올랐지만 시간이 지날수록 이 능력들은 차례로 지워졌고 또 지워지고 있다. 그중에서도 이치의 발견, 창조성, 깨달음은 인간만이 갖는 특질 중에서도 최후의 보루였다. 하지만 머지않아 최후의 보루마저 믿을 수 없게 될지도 모른다. 앞으로의 연구 결과가 무척 기대된다.

맺음말

나는 어릴 때부터 동물의 행동과 진화에 무척 관심이 많았다. 나에게 가장 큰 영향을 끼친 책은 초등학교 4학년 때 어머니가 사주신 버지니아 리 버튼의 『생명의 역사』로, 이제는 고전의 반열에 오른 그림책이다. 이 책 덕분에 생물 진화에 흥미가 생겼고 책에 실린 삽화 대부분은 지금까지도 내 머릿속에 고스란히 남아 있다.

여느 동물학자들처럼 어린 시절에는 근처 논, 들판, 저수지, 개울을 뛰어다니며 매일 같이 곤충 채집과 낚시를 했다. 초등학교 고학년 때도 시간만 있으면 산으로 들로 나갔다. 그럴 때마다 꼭 재미있는 무언가가 눈에 들어왔고 자연 속 흥미로운 현상을 발견하는 일에는 누구보다 자신이 있었다. 중학교 3학년이 되어서는 이다음에 커서 살아 있는 동물을 연구하는 학자가 되겠다고 다짐했다.

대학교에서는 동물행동학을 바탕으로 모형을 활용해 물고기 공격 행동을 연구했다. 바로 제1장에서 소개한 살자리돔 연구다. '북극성 비스듬히 비추는'* 남국, 가고시마에서 수행한 졸업 연구이자 생애 첫 연구였는데 정말 재미있었다.

영장류와 인간의 행동을 연구하고 싶었던 나는 아이치현 이누야마시에 있는 교토대학 영장류연구소에서 석사 과정을 밟았다. 연구소 뒷산의 일본원숭이센터에는 당시 80종의 영장류가 있었고 매년 대략 30종이 번식했다. 그중 사회 구성이 자연 상태에 가까운 20종을 대상으로 어미가 아닌 구성원의 신생아 보살핌 행동(알로마더링) 진화, 즉 영장류의 협동 번식 진화를 비교 연구했다. 당시 나는 아침부터 밤까지 영장류연구소에 살다시피 했다. 이제 와 돌이켜보면 석사 과정 2년 동안 영장류연구소에 푹 빠져 지내면서, 혹은 술잔을 기울이면서 주고받았던 연구론이 이후 내 연구 생활의 중심을 잡아주었다.

하지만 아프리카 탕가니카 호수에서 독자적으로 진화한 시클리과 물고기가 궁금해 견딜 수 없었던 나는 다시 소속을 옮기기로 했다. 그래서 박사 과정 때는 교토대학 이학부 가와나베 히로야 교수가 이끄는 동물생태학연구실의 대학원생이 되어(감사하게도 허락해주셨다) 해양 생물 못지않게 다양한 생활 양식을 지니도록 진화(적응방산)한 어종이자 동경의 대상이었던 시

---

* 저자의 모교 가고시마대학의 전신인 제7고등학교의 설립 기념곡 제목에서 따온 표현이다.

클리과 물고기들과 함께 물속을 헤엄쳤다. 꿈같은 시간 속, 수중에서 보았던 다채로운 광경들은 지금도 선명하게 뇌리에 남아 있다.

박사 과정을 마친 뒤에는 오사카시립대학 동물사회학연구실에서 조교로 일하며 행동생태학과 동물사회학적 관점에서 산호초 지대와 탕가니카 호수에 서식하는 열대어를 연구하는 일에 몰두했다. 이 무렵 물고기 행동의 복잡성, 합목적성과 함께 물고기의 지성을 새삼 깨달았다. 원숭이와 그다지 다를 바가 없었다. 많은 물고기가 마치 인간처럼 매사를 꽤 잘 이해하고 있다는 사실을 실감했다. 자극에 따른 반응만으로는 절대 설명할 수 없는 행동들이었다.

그리고 다시 전환기가 찾아왔다. 쉰 살에 병을 얻어 더는 물속에서 물고기를 관찰하지 못하게 된 것이다. 나는 실험실 수조에서 물고기를 기르며 물고기의 인지 능력을 폭넓게 연구하기 시작했다. 다행스러운 점은 내가 이미 현지에서 실험 대상 물고기를 관찰한 적이 있어 행동, 습성, 생태를 파악하고 있다는 사실이었다. 일련의 수조 실험을 통해 물고기의 이행 추론 연구, 얼굴 인식 연구, 거울 자기 인식 연구 등을 수행했다. 연구실의 대학원생들이 주축이 되어 물고기의 사회성·공감성·동정심 연구를 진행하기도 했다.

내 입으로 말하기는 쑥스럽지만 하나같이 상식을 뛰어넘는 연구 아이디어 덕에 우리 연구실에서 수행하는 연구는 모두 전 세계에서도 전례를 찾아보기 힘들 만큼 무척 독창적이다. 연구 결과를 발표할 때마다 동물행동학이나 동물심리학의 기존 상식을 잇달아 뒤집었다. 이 책 제4장, 5장, 6장에서 서술한 연구 과정들을 거치며 지금까지의 상식을 뛰어넘는 물고기 인지 능력을 하나둘 밝혀냈다. 물론 영장류·포유류와의 비교 검토나 진화적 기원의 고찰도 잊지 않았다. 독자들도 이 부분을 재미있게 읽었으리라 생각한다.

동물의 행동과 진화를 연구하는 사람이 되겠다던 어릴 적 꿈에는 조금도 변함이 없었지만 학부 시절에는 물고기를, 석사 과정 때는 인간과 원숭이를, 박사 과정 때는 다시 물고기를 연구했을 만큼 연구 내용과 대상 동물은 변화무쌍했다. 이제야 하는 말이지만 오히려 잘된 일이라고 생각한다. 이러한 변화무쌍함은 물고기의 거울 자기 인식 연구와 자아의식이라는 전대미문의 기발한 테마로 귀결되었다. 만약 물고기만 연구했다면 혹은 원숭이만 연구했다면 이러한 연구 테마는 생각지 못했을 것이다.

책의 주요 내용도 다시 한번 정리해보자.

10센티미터도 되지 않는 작은 열대어 청줄청소놀래기가 거울로 기억한 자기 얼굴 이미지를 통해 거울 자기 인식을 한다는 사실이 밝혀졌다. 인간과 거의 같은 방식이다. 즉 자그마한 물고기와 인간은 자기 인식이라는 고차원적인 인지 능력 자체는 물론 인지 과정까지도 무척 유사하다. 지금껏 아무도 예상치 못한 결과였다.

생물 간 유사한 현상이 관찰되었다면 크게 두 가지 가능성을 생각해볼 수 있다. 하나는 기원은 서로 다르지만 우연히 비슷한 형질로 수렴 진화*했을 가능성(상이성)이고 다른 하나는 기원이 같을 가능성(넓은 의미의 상동성)이다. 그렇다면 물고기와 인간에게서 나타나는 자기 인식의 유사성은 어느 쪽일까. 어느 쪽이든 흥미롭기는 매한가지이지만 최근 뇌신경과학 분야의 연구 성과나 물고기와 인간의 유사한 얼굴 인식 방식을 고려했을 때 상동성에 더 가깝다고 나는 생각한다. 그렇다면 4억 년 전, 고생대의 경골어류에게서 자기 인식 능력, 타자 인식 능력, 자아의식이 진화해 육상 척추동물과 인간에게 전해졌다는 결론에 도달한다. '마음'의 기원이 물고기 대까지 거슬러 올라간 셈이다.

이러한 발상은 현시대의 상식과 대척점에 서 있다. 책에서는 '얼굴 인식 상동 가설'과 '자아의식 상동 가설'로 제안한 바 있다. 도전적인 가설들이지만 검증도 충분히 가능하다. 물론 가설에 오류가 있을 가능성을 아예 배제하지는 못하겠지만 그래도 나는 어떤 식으로든 타당성이 입증되리라고 본다.

내 가설에 강한 반론을 펼치는 이들은 주로 나이 지긋한 미국과 유럽의 연구자들이다. 가설이 지금까지 구축했던 인간 중심의 가치관이나 상식과 완전히 다르기 때문이다. 그러나 물고기 인지 능력 연구(지성 연구)는 그리스 철학 시대는 물론 데카르트 이후의 근세 서양철학에서도, 다윈과 최근의 동물행동학

* 계통이 서로 다른 생물종들이 비슷한 환경 조건하에 사는 동안 유사한 기능이 진화하는 것.

에서도 단 한 번도 제대로 수행된 적이 없었다. 다시 말해 우리는 지금껏 물고기의 실제 지성에 대해 아무것도 모르는 상태였다. 이제는 기존의 인간 중심적 세계관을 재고해봐야 할 때인지도 모르겠다.

이 책은 지쿠마쇼보 출판사의 편집자 가쓰오카 미레이가 연구실로 찾아와 집필을 권하면서 시작되었다. 가쓰오카는 교열을 비롯해 책 쓰는 내내 무척 많은 도움을 주었고 무엇보다 몇 번이고 마감 기한을 연장하며 끈기 있게 기다려 주었다. 감사 인사를 전한다.

책에 등장한 물고기 인지 연구 실험은 연구실의 여러 학부생과 대학원생들이 맡아주었다. 한 사람 한 사람 이름을 나열할 수는 없지만 고마움을 표하고 싶다. 특히 탕가니카 호수에 서식하는 시클리과 물고기의 협동 번식을 연구해 학위를 받은 다나카 히로카즈는 풀처 얼굴 인식 실험을 맨 처음 수행해준 데 더해 청줄청소놀래기의 수조 관찰에도 힘써주었다. 탕가니카 호수 현지 연구에서도 잊지 못할 추억을 많이 만들었다. 다나카와 나는 연구실에서도 아프리카에서도 자주 함께 술잔을 기울였다. 그럴 때마다 또 어떤 재미있는 연구를 할지 이야기하느라 시간 가는 줄 몰랐다. 늘 그랬다. 그러나 유학하던 스위스 베른에서 다나카는 돌아올 수 없는 강을 건넜다. 지금도 너무 슬프고 원통하고 안타깝다.

마지막으로, 늘 금방 어질러지고 마는 서재를 정리해주고 이른 아침부터 늦은 밤까지 집안일은 나 몰라라 연구에만 빠져 있는 나를 너그럽게 이해해주는 아내 히로미에게도 고맙다는 말을 전하고 싶다.

고다 마사노리

참고문헌

제1장

幸田正典 (2010) 4章「社会」22章 「なわばり」 塚本勝巳編者『魚類生態学の基礎』恒星社厚生閣.

滋野修一・野村真・村上安則 (2018)『遺伝子から解き明かす脳の不思議な世界―進化する生命の中枢の5億年』一色出版.

篠塚一貴・清水透 (2015) 「情動脳の進化:さまざまな動物の脳の比較」 渡辺茂・菊水健史編 『情動の進化―動物から人間へ』 朝倉書店.

中村哲之 (2013) 『動物の錯視―トリの眼から考える認知の進化』 京都大学学術出版会.

藤田哲也 (1997) 『ゲノムから進化を考える4心を生んだ脳の38億年』 岩波書店.

村上安則 (2021) 『脳進化絵巻―脊椎動物の進化神経学』 共立出版.

제2장

竹原卓真, 野村理朗 (2004) 『「顔」研究の最前線』北大路書房.

Wang, MY, Takeuchi H. (2017) "Individual recognition and the 'face inversion eff ect' in medaka fish (Oryzias latipes)", eLife.https://doi.org/10.7554/eLife.24728.001.

Saeki, Sogawa, Hotta, Kohda (2018) "Territorial fish distinguish familiar neighbours individually", Behaviour, 155: 279-293.

Kawasaka, Hotta, Kohda (2019) "Does a cichlid fish process face holistically?

Evidence of the face inversion effect", Animal Cognition, 22: 153-162.

제3장

板倉昭二 (1999)『自己の起源—比較認知科学からのアプローチ』 金子書房.

苧阪直行編 (2014)『自己を知る脳・他者を理解する脳—神経認知心理学からみた心の理論の新展開』 新曜社.

ジュリアン・ポール・キーナン他 (2006)『うぬぼれる脳』 山下篤子訳, NHKブックス.

안토니오 다마지오,『느낌의 발견』, 고현석 옮김, 아르테, 2013(アントニオ・ダマシオ (2018)『意識と自己』 田中三彦訳, 講談社学術文庫).

리처드 도킨스,『만들어진 신』, 이한음 옮김, 김영사, 2007(リチャード・ドーキンス (2007)『神は妄想である—宗教との決別』垂水雄二訳, 早川書房).

トッド・E・ファインバーグ、ジョン・M・マラット (2017)『意識の進化的起源—カンブリア爆発で心は生まれた』 鈴木大地訳, 勁草書房.

トッド・E・ファインバーグ、ジョン・M・マラット (2020)『意識の神秘を暴く—脳と心の生命史』 鈴木大地訳, 勁草書房.

Gallup, G. G. Jr. (1970) "Chimpanzees: Self-Recognition", Science, 167: 86-87.

제4장

桑村哲生 (2004)『性転換する魚たち—サンゴ礁の海から』 岩波新書.

藤田和生 (1998)『比較認知科学への招待—「こころ」の進化学』 ナカニシヤ出版.

Kohda et al. (2019) "If a fish can pass the mark test, what are the implications for consciousness and self-awareness testing in animals?", PLoS Biology 17: e300002.

제5장

ブレイスウェイト (2012)『魚は痛みを感じるか？』 高橋洋訳, 紀伊國屋書店.

de Waal FBM (2019) "Fish, mirrors, and a gradualist perspective on self-awareness", PLoS Biology, 17: e3000112.

Gallup, G. G. Jr. & Anderson, JR. (2020) "Self-recognition in animals: Where do we stand 50 years later? Lesson from cleaner wrasse and other species", Psychology of Consciousness, 7: 46-58.

제6장

浅場明莉（2017）『自己と他者を認識する脳のサーキット』 共立出版.

嶋田総太郎（2019）『脳のなかの自己と他者—身体性・社会性の認知脳科学と哲学』 共立出版.

제7장

池田譲 (2011)『イカの心を探る—知の世界に生きる海の霊長類』NHKブックス.

板倉昭二 (2006)『「私」はいつ生まれるか』 ちくま新書.

山鳥重 (2002)『「わかる」とはどういうことか—認識の脳科学』 ちくま新書.

山鳥重 (2018)『「気づく」とはどういうことか—こころと神経の科学』 ちくま新書.

거울 보는 물고기

초판인쇄 2025년 1월 2일
초판발행 2025년 1월 9일

지은이 고다 마사노리
옮긴이 정나래
펴낸이 강성민
편집장 이은혜
책임편집 박지호
마케팅 정민호 박치우 한민아 이민경 박진희 황승현
브랜딩 함유지 함근아 김희숙 이송이 박다솔 조다현 배진성
제작 강신은 김동욱 이순호

펴낸곳 (주)글항아리 | 출판등록 2009년 1월 19일 제406-2009-000002호

주소 경기도 파주시 심학산로 10 3층
전자우편 bookpot@hanmail.net
전화번호 031-955-2689(마케팅) 031-941-5157(편집부)

ISBN 979-11-6909-339-2 03490

글항아리 사이언스는 (주)글항아리의 브랜드입니다.
잘못된 책은 구입하신 서점에서 교환해드립니다.
기타 교환 문의 031-955-2661, 3580

www.geulhangari.com